珠江三角洲水资源配置工程建设系列丛书之二

珠江三角洲水资源配置工程
建设管理创新

徐叶琴　杜灿阳　著

U0268658

黄河水利出版社

·郑州·

图书在版编目(CIP)数据

珠江三角洲水资源配置工程建设管理创新/徐叶琴,杜
灿阳著. --郑州:黄河水利出版社,2024.12.

ISBN 978-7-5509-4084-0

Ⅰ. TV213.4

中国国家版本馆 CIP 数据核字第 2024032X4D 号

组稿编辑　王志宽　　电话:0371-66024331　　E-mail:278773941@ qq. com

责任编辑	景泽龙	责任校对	杨秀英
封面设计	张心怡	责任监制	常红昕

出版发行　黄河水利出版社

　　　　　地址:河南省郑州市顺河路 49 号　邮政编码:450003

　　　　　网址:www.yrcp. com　　E-mail:hhslcbs@ 126. com

　　　　　发行部电话:0371-66020550

承印单位　河南匠心印刷有限公司

开　　本　787 mm×1 092 mm　1/16

印　　张　11.75

字　　数　192 千字

版次印次　2024 年 12 月第 1 版　　2024 年 12 月第 1 次印刷

定　　价　58.00 元

珠江三角洲水资源配置工程建设系列丛书

编委会

丛书前言

　　珠江三角洲水资源配置工程作为国家重大水利工程项目，肩负着优化珠三角地区水资源配置、保障供水安全的重要使命。作为已建成输水项目中盾构隧洞施工线路最长的工程，盾构隧洞穿越西江、大金山、狮子洋海域、铁路运营线、高速公路、密集房屋群等，埋深大、内水压力高、施工难度大、风险极高。在工程建设过程中，我们共同经历了诸多挑战，也积累了宝贵的经验。工程通水后，上级领导及行业众多人士希望我们将这些宝贵经验提炼总结，以为其他项目建设提供参考。为此，我们编撰了"珠江三角洲水资源配置工程建设系列丛书"，将珠江三角洲水资源配置工程情况、建设实践和经验教训分享给广大读者，希望对未来类似工程的建设有所帮助。

　　本丛书共分八册：

　　第1册：珠江三角洲水资源配置工程（工程介绍）。介绍实体工程，包括工程整体线路、水工结构、机电及电气、金属结构、水力机械、安全监测、防洪度汛、工程运维等具体内容。

　　第2册：珠江三角洲水资源配置工程建设管理创新。介绍项目法人在项目管理理念与方法上的创新成果，包括顶层视角看工程、项目法人治理结构、工程建设管理模式、建设管理体系创新，以及在管理上取得的成效。

　　第3册：珠江三角洲水资源配置工程技术创新。介绍本工程创新应用的关键技术及取得的实际效果。

　　第4册：珠江三角洲水资源配置工程建设经验分享100招。简要介绍工程建设期间建设管理、设计和施工关键措施的特色及主要的经验教训。

　　第5册：珠江三角洲水资源配置工程智慧水利工程建设实践。介绍建设期工程采用智慧化建设管理措施、系统及运营期数字孪生体系规范、建设内容和关键技术等。

　　第6册：大型泵站关门运行技术。介绍泵站采用关门运行的无人值守技术，包括远方调度、安全对策、自动化元件可靠性、工程运维及管理、智能辅助系统等内容。

第7册：隧洞预应力混凝土内衬施工关键技术。介绍本工程隧洞预应力混凝土内衬结构施工和管理主要措施。

第8册：珠江三角洲水资源配置工程科技成果集。汇集本工程科技成果以及知识产权。

珠江三角洲水资源配置工程建设系列丛书编委会

为珠三角工程取水而生的小岛

最美调压塔

工期

　　为什么能提前 6 个月？

投资

　　为什么能节约 20 亿？

质量

　　为什么敢做水锤试验？

——关键在于管理创新。

前　言

　　珠江三角洲水资源配置工程批复工期 60 个月，为什么可以提前 6 个月建成通水？工程总投资 354 亿元，为什么可以节省投资 20 亿元？作为全长 113 km 的大型调水工程，为什么敢于开展满负荷水锤试验验证工程质量？工程圆满实现建设进度、投资和质量三大目标，其奥秘何在？作者认为：在于创新，在于工程建设管理在传承基础上的创新。工程的建设管理传承了我国改革开放以来水利工程三项制度改革所积累的经验和成果，传承了东深供水工程建设者群体"时代楷模"精神，在文化理念、管理体系建设、管理措施落实等方面实施了有效创新。

　　工程秉承"生命水、政治水、经济水"粤海水务文化，提出了"追求卓越"的工程文化，总结凝练出"把方便留给他人、把资源留给后代、把困难留给自己"的建设理念。践行"绿水青山就是金山银山"的理念，提出了工程建设要基于全生命周期管理理念；贯彻落实水利工程建设"三项制度改革"精神，借鉴国际先进的工程管理理论，结合我国基本建设特点，提出了"穿透式"建设管理管理理念。将文化、理念融于工程建设实践，构建安全、质量、进度、成本、廉洁五大控制体系。用文化理念统一思想，将五大控制体系作为工程建设管理的共同语言，确保五大控制体系有效运行，开展了一系列建设管理创新措施。

　　本书包含 8 章内容，第 1 章纵览了工程建设管理全局；第 2 章阐述工程建设管理文化理念，构建工程安全、质量、进度、成本、廉洁五大控制体系对工程建设管理的支撑；第 3 章论述工程设计管理创新内容；第 4 章至第 7 章剖析安全、质量、进度、成本管理创新举措；第 8 章提出工程考核管理创新理念和运用成果。

　　徐叶琴、杜灿阳为本书著者，共同创新提出工程建设文化理念，精心谋划工程建设五大控制体系。王辉、李代茂、李崇智、陆岸典全面推动建设文化理念落地生根，并在建设中不断完善管理体系。本书撰写过程中，杨建喜、迟洪有、张梅、许松、薛广文、李晨、徐文、杨阳、芦庆恭、周耀强、刘晨旭、李航等提供了帮助并提出宝贵意见。全书由华北水利水电大学汪伦焰教授审校。感谢您的阅读，希望本书能为您带来有益的启示和帮助。

作　者

2024 年 12 月

目　录

第 1 章 顶层视角看工程

他山之石可以攻玉
不谋万世者不足谋一时
不谋全局者不足谋一域

高新沙泵站俯视图

本章导读

工程建设成功的标志是圆满实现工程初步设计的任务，达到工程建设的质量、投资和进度目标。项目法人作为项目的建设单位和运营单位，不仅要实现建设期工程质量、进度、成本目标，更多的是要站在工程运营者的角度，基于全生命周期（从规划设计、建设施工到运营管理、降级报废的整个过程）视角谋划工程建设，在建设前期（可行性研究阶段和初步设计阶段）尽早参与谋划工程方案、交易模式、建设管理措施、工程运营方案的内容，合理确定工程建设的安全、质量、进度、成本目标。

广东省政府将工程建设、运营交给粤海集团（广东粤海控股集团有限公司），粤海集团以东深供水工程建设运营核心人员作为工程的核心管理团队。管理团队组建于项目法人成立之前，主动对接广东省水利厅，广泛调研国内外大型引调水工程，积极访谈全国有经验的建设管理者，成功吸收大量间接经验，提前谋划建设管理思路，积极筹备建设管理资源。

2017 年 7 月，以管理团队为基础，广东粤海珠三角供水有限公司（项目法人）正式成立。自成立开始，珠三角供水始终贯彻践行"绿水青山就是金山银山"的理念，系统谋划凝练出"三个留给"工程建设文化理念，构建了完善的五大控制体系，并根据体系建立整套相关制度，保证工程各项工作快速推进。

1.1　国内调水工程建设成效及建设管理面临的挑战

中国作为世界上最早兴建调水工程的国家，自先秦开凿运河、兴建灌渠，直至新中国成立，调水以军事、漕运和农业灌溉为主。新中国成立后，经历了 20 世纪 70 年代前以农业供水为主、改革开放后以城市生活和工业供水为主、21 世纪以来以综合利用兼顾生态修复为主的三个阶段。

截至 2022 年底，新中国已建调水工程 121 项，在建工程 28 项，设计年调水能力 1 406 亿 m³，我国已建成世界上规模最大的调水工程体系。2023 年《国家水网建设规划纲要》发布，明确到 2035 年基本形成国家水网总体格局，国家水网主骨架和大动脉逐步建成，省市县水网基本完善，构建与基本实现社会主义现代化相适应的国家水安全保障体系。

1.1.1　国内调水工程建设成效

（1）优化了水资源时空配置格局。目前，全国已建调水工程的年调水规模相当于 2021 年全国用水总量的 1/7。东深供水、南水北调、引江济淮、引绰济辽、鄂北调水等调水工程的相继建成，对优化水资源配置格局发挥了不可替代的作用。

（2）提升了供水安全保障能力。已建成的调水工程体系，优化了受水区供水格局，提高了供水保证率。调水工程在保障区域用水安全、促进国民经济可持续发展方面发挥了重要作用。

（3）保障了人民群众饮水安全。调水工程的建成通水，极大地改善了受水区供水水量、水质，水源地环境保护不断加强，增进了民生福祉。

（4）复苏了河湖生态环境。调水工程在新时代被赋予了新的历史使命，生态补水逐渐成为发挥调水工程生态效益的主要手段。受水区通过水资源置换、压采地下水、向沿线河流生态补水等方式，不仅缓解了城市生活、生产用水挤占农业用水、超采地下水的问题，同时改善了受水区生态环境，加大了水环境容量，提升了水体自净能力，持续改善了受水区水环境。

（5）积累了丰富的调水工程建设管理经验。经过多年引调水工程建设，中国水利建设者积累了丰富的调水工程建设管理经验。在技术上，大流量泵站、盾构、TBM、BIM、数字孪生等当代先进的水利技术、科技成果、技术创新都在不断被高度重视和运用；在建设管理上，管理理念及管理体系创新、工匠精神、水利行业精神已成为助推水利行业管理腾飞的关键，化为成就"调水行业龙头宝鼎"的三个支撑；在运行管理上，全生命周期管理、标准化管理、智慧化管理已成为调水工程运行管理的关键，促使调水工程运行更加高效安全。

1.1.2　调水工程建设管理面临的挑战

尽管我国调水工程建设管理取得了良好成效，积累了丰富经验，但在政策及市场环境发生较大变化的情况下，仍面临着以下挑战：

（1）新时代安全生产理念对项目法人提出了更高的管理要求。新修订的《中华人民共和国安全生产法》《生产安全事故罚款处罚规定》等法律法规的颁布，进一步强调了以人为本、预防为主、综合治理和持续改进的原则。外部监管越来越严格，项目法人安全责任更大、安全管理要求更高。大型调水工程"线长、点多、面广"且工期长，每个建设时段面临的安全隐患不同，安全风险因素复杂，传统安全管理已难以适应新的形势要求。

（2）项目参建方众多，思想统一颇具挑战。调水工程涉及设计方、监理方、施工方、材料及设备供应方、质量咨询方、科研团队等众多参建方。各方在角色、职责、利益诉求及风险承担等方面的差异，导致思想难以统一，影响工程建设安全、质量、进度、成本等目标的实现。

（3）设计多注重工程结构安全与使用功能，往往忽视工程本质安全和建筑设计的细节。传统的工程设计多关注调水工程结构与功能设计，对安全联锁、紧急切断、先兆预警等本质安全设计要素关注不够，增加了工程建设和运行的安全管理难度；传统水利工程设计很少考虑建筑设计的整体性和协调性，对沿线居民的获得感、建筑物的文化和历史价值欠整体考虑。

（4）监理取费较低，监理职能难以充分发挥。当前竞争激烈的建筑市场中，较低的监理取费导致监理单位难以投入足够的人力、物力和财力来保障监理工作的质量和效率，从业人员的专业化水平和能力受到影响，工程建设监理难以发挥应有的作用。

（5）施工单位履约能力参差不齐，制约了工程建设总体目标的实施。调水工程中项目法人通过招标投标机制选择施工承包商，中标后施工企业总部与项目法人签订施工合同，作为合同主体履行合同义务。合同签订后，施工企业总部派驻项目部作为履约主体真正承担工程的建设实施任务。履约主体往往不能代表合同主体的最高水平，容易存在技术力量不足、资源配置不够、问题沟通不畅等问题，影响工程的顺利建设实施。

（6）缺少高素质产业工人，严重制约工程建设。改革开放以来，工程建设领域的劳务主要是外来务工人员，工人流动性大，缺少系统的专业培训，施工工艺控制难以达到要求；新时代，我国建筑劳务工人供应紧张，有经验的劳务人员基本已步入中老年，年轻一代不愿从事艰苦的建筑业，进一步加大了劳务供需矛盾。施工经验和专业知识的缺乏，导致施工工艺水平低、工序功效低，从而影响工程质量和工期。

（7）影响工程建设的客观因素多，工期、成本控制难度大。大型调水工程征地和拆迁任务重、难度大，沿线的建设环境复杂、协调任务艰巨，线路相互穿越多，地下条件变化大，这些客观因素往往超出了设计考虑，影响工程建设进度和成本。进入新时代，生态文明建设的需要对项目法人提出了更高的要求，工程建设进度、成本控制的要求更高、难度更大。

面对上述挑战，大型调水工程的项目法人首先需要基于全生命周期视角，系统谋划，加强顶层设计，构建科学的工程建设管理体系；在工程建设过程中，创新管理措施，确保工程建设管理体系有效运行，实现工程安全、质量、进度和成本控制目标。

1.2　珠江三角洲水资源配置工程概况

1.2.1　工程背景

广东省水资源时空分布不均，从时间分布看，4—9月平均降水量约1 400 mm，10月至次年3月约380 mm。从地域分布看，西江流域降水最丰富，西北江三角洲平均年降水量最大，为2 200 mm；韩江年降水量最小，不足1 100 mm。随着人口快速增长和经济社会高速发展，广州、深圳、东莞等地的用水需求逐年增加，多次出现缺水状况乃至严重旱情。支撑珠江三角洲经济社会发展的重要水源——东江，在工程处于设计阶段时，以不足全省18%的水资源总量支撑了28%的人口用水和48%的GDP，水资源开发利用率达38.3%，逼近国际公认的40%警戒线；而西江水资源开发利用率仅为1.3%，水质基本稳定在Ⅱ类，开发潜力大。

早在20世纪初，孙中山先生在《建国方略》中数十次提及西江、东江改良整治问题，首次系统性地提出了治理珠江的伟大梦想与构想，对振兴西江水运，消除西江洪涝灾害，加快东江、西江流域社会经济发展，具有极其深远的指导意义。时隔百年，珠江流域特别是珠江三角洲地区的治水问题悄然发生了新的变化，在东江供水频频告急、粤港澳大湾区供水单一等现实背景下，人们开始意识到，珠江三角洲地区的发展仅依靠东江水已难以为继，由西江调水润泽粤港澳大湾区的珠江三角洲水资源配置工程便应运而生。

2004年9月至2005年5月，珠江三角洲出现了50年来的大旱和20年来最为严重的大咸潮灾害，旱助咸威，咸潮甚至一度上溯至东莞石碣大桥，严重威胁供水安全，东江流域多个水厂的制水生产受到不同程度的影响，先后出现停泵停水、取水点氯化物含量严重超标现象，沿线1 500多万百姓的用水安全受到极大的威胁。

面临如此背景，广东省水利厅、设计单位和粤海集团积极谋划将西江水调至东江。在此过程中，粤海集团成立工程项目前期工作小组，跟踪该项目的前期工作实施，并基于其东深供水等丰富的调水经验，对该工程前期工作起到了积极推动作用。直至2018年8月，工程可行性研究报告正式通过了国家发展改革委的批复，2019年2月工程初步设计正式通过水利部的批复，标志着该工程正式由前期阶段转为实施准备阶段。建成后的工程，将实现从西江向珠江三角洲东部地区引水，解决广州、深圳、东莞生活生产缺水问题，并为香港等地提供应急备用水源，为粤港澳大湾区发展提供战略支撑。

兴建珠江三角洲水资源配置工程的目的在于解决珠江三角洲水资源供需矛盾，覆盖超 3 200 万受益人口。其意义在于：一是解决广州、深圳、东莞等地生产生活缺水问题；二是解决珠江三角洲东部区域供水水源单一问题，并为香港和广州番禺、佛山顺德等地提供应急备用水源；三是解决当前珠江三角洲东部挤占东江流域生态用水问题；四是可为粤港澳大湾区高质量发展提供战略支撑。

1.2.2　工程总体规划

珠江三角洲水资源配置工程是《珠江流域综合规划（2012—2030 年）》确定的重要水资源配置工程，是国务院确定的全国 172 项节水供水重大水利工程中的标志性项目。2019 年 2 月，工程列入《粤港澳大湾区发展规划纲要》，要求加快推进工程建设，保障粤港澳大湾区供水安全。2021 年 3 月，工程列入国家"十四五"规划，其中明确提出加强水利基础设施建设，加快国家水网骨干工程建设，提升水资源优化配置能力。

工程规划阶段，初选了北线、中线（南转北）和南线三条输水线路进行比较（见图 1-1）。

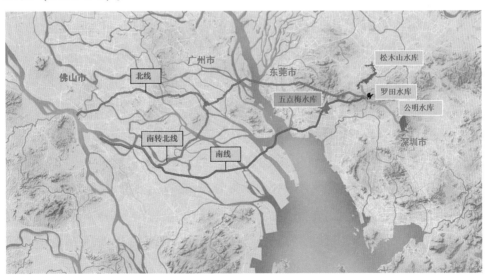

图 1-1　输水线路初选

为了让输水线路尽可能靠近受水区域，以性价比最高的方式穿越广州、深圳、东莞、佛山等经济发达地区，广东省水利厅通过经济分析、维稳评估、专家评审等多角度，牵头各方反复调研论证，最终选择北线方案，作为珠江三角洲水资源配置工程建设线路。工程从西江取水，经高新沙、罗田等3级泵站加压，输水至南沙区规划新建的高新沙水库、东莞市松木山水库、深圳市罗田水库和公明水库。

工程设计引水流量 80 m^3/s，设计年供水量约 17.08 亿 m^3，其中广州市南沙区 5.31 亿 m^3，东莞市 3.30 亿 m^3，深圳市 8.47 亿 m^3。采用深埋地下隧洞输水，线路全长约 113.2 km，总投资约 354 亿元，建设工期 60 个月，建筑物包括 3 座泵站、2 座高位水池、1 座新建水库、5 座输水隧洞、1 条输水管道、2 座倒虹吸、4 座进库闸、2 座进水闸、9 座量水间、1 座调压井、10 座检修排水井、23 处渗漏排水井、3 座通风竖井等。

工程为 I 等工程；输水干线主要建筑物级别为 1 级，设计洪水标准为 100 年一遇，校核洪水标准为 300 年一遇；深圳分干线、东莞分干线、南沙支线主要建筑物级别为 2 级，设计洪水标准采用 50 年一遇，校核洪水标准采用 200 年一遇。

1.2.3　工程建设历程

自 2005 年开始，经历了为期 5 年的一系列远溯探索调研后，2010 年 9 月 9 日，广东省水利厅决定启动"西水东调"工程项目前期工作。2011 年 11 月，粤海集团成立"西水东调"工程项目前期工作办公室，并在全国范围开展工程投融资模式及建管模式调研，调研足迹遍布全国乃至世界多地。历经 4 年不断探索之后，2015 年 9 月，粤海集团成立以集团主要领导为组长的工程项目小组，并制定《粤海参与珠江三角洲水资源配置工程项目工作方案》，参与到珠江三角洲水资源配置工程筹划中。

2017 年 8 月，广东省政府同意深圳分干线公明水库入库段为珠江三角洲水资源配置工程试验段项目，试验段项目全长 1.667 km，主要目的是确保工程技术先进可靠、方案切实可行。次月，广东省发展改革委批复粤海控股公司组建成立广东粤海珠三角供水有限公司，作为试验段的项目法人负责试验段项目建设管理工作。

2018 年 8 月 2 日，国家发展改革委批复珠江三角洲水资源配置工程可行性研究报告。2019 年 2 月，水利部办公厅正式批复工程初步设计，广东粤海珠三角供水有限公司为工程项目法人，全面负责工程的建设及运营管理。从水利部和广东省委、省政府前瞻性地做出自西江引水的战略决策，到广东省水利厅历经 10 年的统筹谋划、科学论证，工程走过了漫长而有意义的 10 年，并被国务院确定为全国 172 项节水供水重大水利工程之一。伴随着国家粤港澳大湾区发展战略的启动，工程进入快车道，最终促成落地。2019 年 5 月，珠江三角洲水资源配置工程正式开工建设，前期谋划关键时间节点见图 1-2。

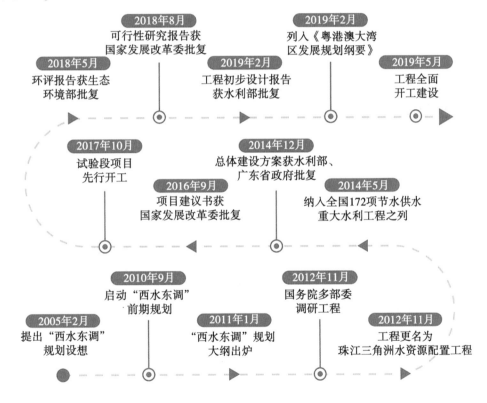

图 1-2　珠江三角洲水资源配置工程前期谋划关键时间节点

2024 年 1 月 30 日，工程全线建成通水，提前完成了工程主体建设任务，填补多个行业空白，创造多项全国纪录、世界之最。广大建设者用辛勤和汗水铸就了这一重大民生工程，以实际行动生动诠释了新时代建设者的创新精神、劳动精神、奋斗精神、奉献精神。随后，工程相关各方紧紧围绕供水目标，开展了通水后一系列工程试验与验收工作，并从精准调度、运行管理、安全保障等方面入手，科学安排泵站机组，全面加强检查检修，优化构建集运行监控、防汛调度、水质监测、水情测报、安全监测、数字孪生等功能于一体的智慧化平台，确保工程供水系统安全可靠。在广东省水利厅、粤海集团、沿线各市等大力支持下，2024年6月1日，珠江三角洲水资源配置工程正式向受水地区供水，努力让沿线民众喝上优质西江水。

1.3　珠江三角洲水资源配置工程建设管理思考

由广东省政府指定广东粤海控股集团有限公司代表政府出资和持股,组建项目公司(项目法人),工程沿线各受水市政府分别指定代表机构(企业)参股项目公司。项目公司负责项目建设、运行和维护,负责偿还项目贷款。

工程伊始,项目法人和核心工程管理团队结合工程特点,传承东深供水工程"时代楷模"精神,融合粤海集团企业文化,遵循水利工程基本建设程序,以"全生命周期"的视角,对工程建设管理做出了一系列的思考和系统谋划。围绕如何打造优质工程、精品工程、样板工程,在管理团队组建、参建单位选择、科研机制建设、管理体系构建、管理措施、文化建设创新等方面做出了谋划。

1.3.1　如何组建优秀的项目管理团队

项目法人处于项目建设管理的核心地位,是建设期各类建设合同、委托合同、采购合同的当事人,全面、准确、适当履行合同是基本要求;其管理团队处于合同履行的关键地位,对工程建设参建各方起着决策、领导、监督、考核和示范作用。

项目法人成立之初,围绕"有情怀、有追求、有担当"三个内容,对如何组建优秀的项目管理团队进行了深入的思考。

有情怀,即项目管理团队成员需要具备从事提供"生命水、政治水、经济水"民生事业、公益事业的责任心和使命感;有追求,即项目管理团队成员需传承"忠诚使命、艰苦奋斗,攻坚克难、无私奉献,胸怀祖国、心系同胞"的"时代楷模"精神,有冲劲、能吃苦,积极作为和履职尽责;有担当,即项目管理团队成员需树立追求卓越的共同理念,有追求卓越的行动,具备打造国际领先工程的建设能力。

1.3.2　如何选择一流的参建队伍

珠江三角洲水资源配置工程线长、点多、面广,如何科学划分施工、监理标段,是提高工程建设管理水平,实现安全、优质、高效、节约、廉洁工程目标的重要基础。管理团队既要在招标投标过程中引进一流的施工企业和监理单位，又要在建设中实现合同主体与项目法人目标一致、思想统一。因此，划分标段需考虑规模适中、专业协同、便于管理等方面的因素，让一流的施工企业、监理单位的领导班子和主要领导在投标及建设中引起重视，确保合同主体在资金、人才、技术、设备等方面全力支持现场履约团队。

招标之前，管理团队走访了国内已建和在建的大型调水工程，了解国内各家央企施工单位的履约情形、管理水平、人员素质、技术能力、施工业绩等信息；调研国内大型监理咨询机构的业绩和水平，为招标工作打下了基础。编制招标文件时，结合国内外调研成果，以问题和目标为导向，与专业咨询机构反复研讨，通过合同专用条款、技术条款（标准和要求），对每一项工作要求做到事无巨细，尽量完善；尤其是增加了各中标单位后方支持的具体要求、建设管理方面推行信息化和智慧化管理、工地建设标准化管理等内容。在标段划分上，为了引起参建单位企业主要领导的重视，工程施工标段按照 10 亿~30 亿元的规模，结合专业协同、管理便捷，划分 16 个标段；监理标段按照规模基本均衡的原则划分为 6 个标段，其中 1 个标段设置为牵头监理标段。

通过公开招标选择的施工监理、施工企业都是国内一流的企业，派驻现场的都是高水平的队伍。其他主要的委托服务类招标、设备采购类招标也均选择了国内一流的企业。

1.3.3 如何建立高效的科研咨询机制

项目法人坚信专业的人干专业的事。从项目可行性研究阶段、初步设计阶段、建设准备阶段直到整个建设期，谋划建立高效的科研咨询机制，邀请全国引调水行业的一流专家学者，开展重大技术咨询、水力过渡过程研究、重大技术问题研究、设计监理、设计咨询等工作，提出科学建议和意见，支撑项目管理团队的科学决策，为优化投资、加快进度、提高质量、确保安全提供了专业支持。

按照穿透式管理理念，项目法人在合同中约定并督促施工单位、监理单位、设计单位总部成立专家组、技术领导小组，为工程重大技术方案、关键项目的设计、施工和管理提出了好的建议和意见；特别是设计、施工、监理单位专家组的交叉审查，对工程建设的质量、进度、投资控制起到了重要作用。

1.3.4　如何构建完善的建设管理体系

按照水利工程基本建设规律，在传统质量、成本、进度控制体系基础上，项目法人基于全生命周期的建设理念和穿透式管理理念，构建五大控制体系作为全体建设者的共同语言，横向到边、纵向到底，并将其广泛宣贯，作为明确各参建单位主体责任的行为规范和工作指南。

工程建设工作小组成立伊始，便提出工程建设要先谋划，再出征，必须树立体系思维，构建安全、质量、进度、成本、廉洁五大控制体系，并在体系框架内有序开展工作。五大控制体系具有简洁而深刻的内涵、继承及创新。五个要素共同构成了工程建设管理的筋骨与脉络。五大控制之间，既相互独立、自成一体，又彼此交互、融为一体，构筑了工程的管理基石。同时，五大控制体系基于全生命周期考虑，将工程运行管理考虑在内，为工程通水奠定了良好的基础。

安全管理体系以"安全到底该管什么、如何管"问题为导向，以"大禹奖"与"鲁班奖"的安全门槛为基础，结合相关法律法规，逐步完善安全管理体系。

质量管理体系以"为何要干，干成怎样，要怎么干，怎么去干，怎么实现"问题为导向，总结质量法规、调研交流成果和粤海水务过往工程经验编制而成。

进度管理体系以项目的前期报批、征地移民、工程设计、工程实施及完工结算等程序来确定进度管理的核心业务，以梳理难点、狠抓关键、压茬推进、动态管理为原则，筛查和完善核心业务中的难点、重点，不断优化应对措施。

成本管理体系以"设计、招标、施工、结算、付款全过程动态投资控制"为思路，以"优化设计、不超概算"为目标，确立设计管理、概预算管理、招标管理、变更管理、合同与支付管理等五个核心业务，形成具有系统性、有效性、预防性及连续受控性的工程投资管理体系并不断完善。

廉洁管理体系以打造廉洁工程、阳光工程为目标，围绕上级关于重大建设项目廉政建设的有关要求，从廉政文化宣教、廉政风险防控、廉政责任监督、廉政执纪问责四个方面编制而成。后续进一步明确和完善工程廉洁管理的总目标、核心业务、管理举措及管理支撑，并在实施过程中不断完善。

1.3.5　如何创新高效的管理手段

项目法人创新高效的管理措施对于项目的顺利实施、安全监督、质量控制、成本节约、进度管理以及提升整体建设管理水平具有至关重要的作用。工程项目法人在常规建设管理基础上，借鉴国内外先进的管理手段，通过构建 PMIS、使用电子签章、建立 BIM+GIS 平台、物联网等信息化手段，提高项目管理效率。

1.3.6　如何实现文化赋能工程建设管理

工程管理团队秉承"生命水、政治水、经济水"的历史使命，发扬"时代楷模"精神，为"把工程打造成优质工程、精品工程、样板工程"，"把工程打造成为具有国际领先水平的'超级工程'"，构建了具有珠三角特色的文化体系，使参建团队思想统一，提升所有参建人员的使命感、荣誉感和获得感，调动参建队伍的能动性，变"要我做好"为"我要做好"。

工程建设过程中，逐步形成了"把方便留给他人、把资源留给后代、把困难留给自己"和"追求卓越"的工程文化。

第 2 章 文化理念及管理体系建设

企业文化理念是企业所形成的具有自身特点的经营宗旨、价值观念和道德行为准则的综合。

视觉识别：独具特色的珠三角建筑设计、文明工地标准化

行为识别：五大控制体系建设作为所有参建者的共同行为准则

理念识别：把方便留给他人、把资源留给后代、把困难留给自己

高新沙泵站厂房

本章导读

　　企业文化能够引导员工追求共同目标、提升自律性、激发工作热情，还能够增强团队凝聚力、促进跨部门协作、弥补制度不足，是企业发展的精神动力。项目法人传承东深供水工程建设者群体"时代楷模"精神，发扬"生命水、政治水、经济水"的粤海水务文化和粤海集团"担当作为、业绩至上、协同高效"的企业文化。同时集纳参建单位和全体建设者的智慧思想结晶，凝练出独具特色的工程文化："追求卓越"的工程文化；"把方便留给他人、把资源留给后代、把困难留给自己"的文化理念。

　　坚持文化先行是项目法人管理的秘诀。创新文化理念，建设高效的管理团队和一流的建设团队，团队又将文化理念潜移默化地落实在五大控制体系的建设和运行上，使得团队及其成员明确工程建设使命和目标，统一思想，形成共识，确保建设管理五大控制体系良性运行。

　　本章主要介绍珠江三角洲水资源配置工程团队建设、工程使命及建设目标、建设理念和工程建设管理的五大控制体系。

　　珠江三角洲水资源配置工程文化体系如图 2-1 所示。

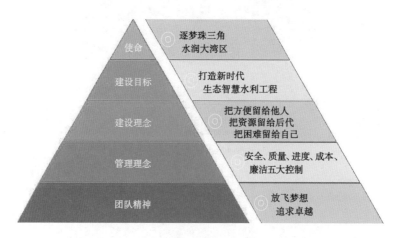

图 2-1　珠江三角洲水资源配置工程文化体系

2.1 打造"有情怀、有追求、有担当"的建设团队

项目法人组建伊始,管理团队便提出了"逐梦珠三角,水润大湾区"的使命,要求管理团队、各参建单位心怀共同的理想和抱负,共同把珠江三角洲水资源配置工程打造成国内一流的水利工程。对此,项目面对的首要问题便是组建怎样的团队,以及靠什么精神引领这个团队。

2.1.1 组建一流的建设团队

珠江三角洲水资源配置工程与东深供水工程精神同源、文化同根、团队同心,有共同的理想和抱负。粤海集团从东深供水工程建设、运行团队中遴选出专业技术过硬、工程建设经验丰富的人员作为工程的管理团队。管理团队按照"有情怀、有追求、有担当"的选人用人标准组建项目法人,并通过招标将"有情怀、有追求、有担当"的要求明确地告知投标人,选择一流参建单位,建立以项目法人为核心,参建单位共同参与的建设团队。整个建设团队在工作中统一思想、形成共识,凝心聚力推动工程高质量建设。

管理团队采用穿透式管理模式:一方面,按照制度、合同构建了完善的管理体系,敦促参建单位履行各自义务;另一方面,以项目法人为核心,将参建单位整合为一个整体,用文化激发建设团队热情,将体系作为参建单位的共同语言和行为准则。

案例 1:项目法人管理团队组成人员

广东粤海珠三角供水有限公司由粤海集团旗下广东粤海水务股份有限公司控股,深圳市、广州南沙区及东莞市等三地受水区政府指定平台公司参股,共同出资组建。公司领导班子共 9 人,其中董事长、总经理、1 名副总经理、纪委书记、财务总监由广东粤海水务股份有限公司选派;副董事长、监事会主席由深圳市选派;广州南沙区和东莞市各选派 1 名副总经理;公司法人由董事长担任。

提出了两个标准遴选管理团队人员,一是有东深供水工程建设、运行管理经验,且专业技术过硬、工程建设经验丰富;二是这些人员必须主动申请加入,将"有情怀、有追求、有担当"作为选人用人的重要标准。

案例2：广泛走访在建工程，深入了解建设企业

为汲取国内外工程建设管理的经验、弥补自身不足，项目法人在工程前期即分赴全国各大型引调水工程进行详细调研，包括南水北调东、中线工程和东北、内蒙古、新疆、山西、浙江、湖北、安徽、陕西等地的引调水工程。

其间，项目法人与所调研各项目的建设单位详细交流建管模式、机构设置、建管制度、招标策略、合同管控技巧、投融资方式、关键设备选用、施工队伍的选择和管理、设计和监理的管理，以及相关隧洞等关键建设技术、工程安全监测情况、信息智慧应用，并了解各项目中施工单位、监理单位的技术、服务水平和履约能力，从中得到启发，并思考在该工程中如何避开管理的不足，提出创新的建设管理方式。

案例3：向参建单位着力宣贯文化及体系

为使参建单位总部领导、职能部门充分了解工程，以便其在建设期对前方项目部予以更大支持，项目法人在合同签订后，便创新性地开展对施工、监理单位总部的工程文化体系宣贯。由公司领导率队，采取"上门服务"方式到中标单位调研，介绍工程情况、建设目标及理念，提出建设标准和工作要求，要求认真履行合同约定；公司相关部门详细介绍工程五大控制体系；各参建单位积极回应，提出后方支持措施、资源投入计划。各参建单位主要领导纷纷表态，要求加大资源投入力度及后方支持，各专家组长也表示将认真分析各标段技术难点及应对措施。通过宣贯，工程建设得到了各参建单位总部的充分理解与支持，特别是在工程建设目标和工作标准等方面达成一致共识，为工程顺利推进奠定了坚实基础。

2.1.2　逐步形成"追求卓越"的团队精神

珠江三角洲水资源配置工程的团队精神，从2018年最初的"团结协作、全情投入、锲而不舍、追求卓越"开始，随着管理团队将企业文化宣贯到每个参建单位，通过参建单位之间的互相帮助，融合所有技术力量，使所有参建单位树立从开始的"我参与、我担责、我自豪"到冲刺时"我守信、我拼搏、我必胜"的信念，赋能独具特色的管理体系，将刚性的合同管理辅以团队精神支撑。

2019 年建设之初，管理团队提炼了"放飞梦想，追求卓越"的团队精神，其精神内核为"追求卓越"。追求卓越，不是一种标准，而是一种境界，是将自己的优势、能力和资源发挥到极致后，展现出的一种状态。归纳起来，卓越表现为两个层次，一种是思想上的卓越，一种是行动上的卓越。

案例 4：工程建设五大控制体系的构想

为实现"打造新时代生态智慧水利工程"目标，项目法人多次调研、反复思考，经历无数次头脑风暴，确定了安全、质量、进度、成本、廉洁的五大控制体系，作为全体建设者的共同语言。

五大控制体系外延横向到边、纵向到底，体系内涵明确各参建单位的主体责任、行为规范和工作指南。刚性的合同管理协同辅以团队精神支撑，调动所有参建单位和人员主观能动性，发挥参建单位总部在资源配置上的作用，聚焦参建单位总部领导和现场履约团队的工程建设价值。

其中，仅安全管理体系这一项，项目法人反复讨论、修改、试验、总结、提升，从理论到实践，再从实践到总结，历时半年多时间，过程虽然辛苦，成绩也非常耀眼，既实实在在提升了现场管理水平，又提升了员工素养，这就是追求卓越的表现。

项目法人认为追求卓越主要应该从以下四个方面着手：

一是要学习。无知者无畏，越学习越敬畏。无论是中高层管理者，还是普通的员工，都要努力学习相关知识，向卓越看齐。管理团队需要把珠江三角洲水资源配置工程放在世界的视野下建设，学习所有世界先进水利工程经验；每位员工需要把自己的工作态度和能力放到整个公司的视野下比较，相互学习、展现自己。例如盾构出渣难题，传统人工出渣效率低且安全风险高，调研发现目前行业最先进的出渣技术为垂直轨道出渣，出渣效率高，安全风险低。

二是要总结。项目法人要求员工在工作中时时总结。总结不是目的，目的是提升。比如，对于一项新的制度，要设定一定时间的试运行期，及时总结，取其精华，去其糟粕；再比如，前期工程建设过程中存在的困惑和经验，若无思考总结，难以提出一系列改进措施。

三是要勤奋。东深供水工程对港供水 50 年，粤海水务很多方面走在世界前列，有很多经验可供参考。但是，如此长的距离、如此深的地层建造、如此规模宏大的调水工程，在建设史上也是罕见的。由于珠江三角洲水资源配置工程的特殊性和艰巨性，其建设管理绝非易事。"人以一之，我以十之；人以十之，我以百之"，项目法人要想把工作做到卓越、做到极致，所投入的精力必须要呈几何倍数增长。

四是要创新。勇于创新需要管理团队，尤其是主要领导要有担当精神。项目法人要求所有员工一定要保持好这种"求新"的氛围，做创新的事情。工程的管理理念、措施、施工组织、技术、后期运营维护的方式均需根据时代特点和工程需求做出创新。比如，项目法人通过设计咨询的方式，邀请多位行业专家来对设计提供专业的意见，大大提高了设计管理档次，通过多次思想的碰撞，既取得了专业的支撑，又赢得了专家的尊重。

"追求卓越"的团队精神，使得工程的建设管理五大控制体系有效落地并高效运行。

2.2 确立"新时代生态智慧水利"建设目标

"使命"的原意是指出使的人所领受应完成的任务、应尽的责任，它所解答和解决的是"从哪里来、到哪里去"的问题。"目标"是对活动预期结果的设想，也是活动预期的目的，为活动指明方向，目标维系组织各个方面关系、构成系统组织方向。珠江三角洲水资源配置工程使命是"生命水、政治水、经济水"，建设目标是"打造新时代生态智慧水利工程"。

2.2.1 珠江三角洲水资源配置工程使命

作为广东"五纵五横"水资源配置骨干网络的重要组成部分，珠江三角洲水资源配置工程横穿珠江三角洲地区。珠江三角洲地区是中国改革开放以来经济发展最快的地区之一，以广东省的广州、深圳、珠海、东莞、佛山、中山、江门、惠州等城市为核心，形成了世界著名的制造业基地，人口密集，工业产业丰富，水资源需求量高，历经数十年发展，已成为中国经济的重要引擎和全球瞩目的创新高地。作为工程建设者，深知自己肩负的使命重大，需树立坚定的信念和全力以赴的决心，团结协作、攻坚克难、精益求精，确保工程按时按质完成，为区域经济社会发展提供坚实的水资源保障。

何为"生命水、政治水、经济水"？水质安全、水环境安全涉及千千万万民众的健康和生命安全，是谓生命水；供水安全、水环境安全关乎政府的责任，维系着社会的稳定，是谓政治水；水是支撑经济发展的重要战略资源，水环境是重要的投资环境，水务企业担负着满足地方经济发展对水资源需求和水环境要求的重任，是谓经济水。

2.2.2 打造新时代生态智慧水利工程

珠江三角洲水资源配置工程提出"生态智慧"工程愿景的想法后，逐步凝练工程目标与愿景，从"打造国际领先、国内一流的水利标杆工程"到"高标准管理、创新技术""打造国际水利工程新标杆"，再到最终形成的"打造新时代生态智慧水利工程"。

2.2.2.1 新时代水利工程的内涵

何为新时代水利工程？就是立足新时代指导思想，践行习近平总书记

"节水优先、空间均衡、系统治理、两手发力"治水思路和践行经济建设、政治建设、文化建设、社会建设和生态文明建设"五位一体"总体布局的水利工程；也是支撑新时代湾区战略、创新新时代技术工艺，闪耀科技、环保、文化、艺术之光的精典工程。

建设粤港澳大湾区，是新时代推动形成全面开放新格局的重要举措。推动珠江三角洲水资源配置工程各项工作，必须立足于服务粤港澳大湾区建设这一国家战略，进一步完善粤港澳大湾区水利基础设施与健全水资源保障体系。

新时代水利工程的建设，也离不开新材料、新技术、新工艺的应用。珠江三角洲水资源配置工程秉承"创新、协调、绿色、开放、共享"的新发展理念，从规划、设计到建设、运营，全面采用国内领先、国际一流的新技术与新工艺。

2.2.2.2　生态水利工程的内涵

何为生态水利工程？就是在工程规划、设计、施工、运营等各环节，全面贯彻落实习近平生态文明思想，践行绿色发展理念，最大限度保护生态环境。

在规划环节，工程严格遵循生态调水规律与规范，以期解决广州、深圳、东莞生活生产缺水问题，并为香港特区、广州番禺、佛山顺德等地提供应急备用水源，逐步实现西江东江水源互补、丰枯调剂，退还东江流域及沿线城市生态用水。在生态布局方面，工程要尽可能保护原有生态环境，释放湾区土地资源与浅层地下空间。

在设计环节，凭借水资源保护理念，对标国际生态工程先进标准，以合理利用地下深层空间为核心思路进行盾构施工及输水管道设计，采用深埋盾构施工、深层管道输水设计，释放大量土地资源，也为工程建设实现"少征地、少拆迁、少扰民"创造良好条件。

在施工环节，工程高度重视生态环保理念，以"生态优先"原则作为施工控制目标，并从施工建材、场地绿化、污染防治、固废处理、营地建设等方面加以控制，确保工程施工全过程的生态、环保、绿色，并针对湾区土地稀缺的特点探索渣土综合化利用，最大程度节约弃渣占地。

在运营环节，工程以"绿色运营"为目标，倡导并践行节能环保、绿色发展理念，从能效提高、环境管理、资源可持续利用等方面着手，通过采用节能设备、建设生态工程、开辟人工湿地等方式实现生态运营。

2.2.2.3　智慧水利工程的内涵

何为智慧水利工程？就是在以物联网、云计算、大数据、人工智能等为代表的新科技浪潮下，工程秉持科技创新理念，采用最先进的科学技术，以实现工程精细化管理与智慧化决策为目标，借助"BIM+GIS"，实现对工程的"全面感知、高速互联、充分共享、智慧应用、周到服务"，促进工程管理体系优化和管理能力现代化。

在智慧设计环节，坚持以"BIM+GIS"为核心技术的三维可视化设计。通过模拟分析，智能检测"错、漏、碰、缺"，提升设计质量；通过专业间内部协同，提高设计效率；通过直观的三维形象展示，实现设计方案的互动分析与施工设计交底；通过优化设计，减少设计变更，节约工程成本。

在智慧建造环节，坚持以传感网、局域网及互联网为纽带，以"全面感知、充分共享"为核心，建设基于"BIM+GIS"平台的工程项目管理系统（PMIS）、基于 BIM 的施工组织规划及专项施工方案模拟和技术交底、基于"BIM+GIS"的现场安全文明管理系统，实现工程建设全覆盖、全过程的在线化、数字化与智能化管理。

在智慧运营环节，坚持以物联网为基础，以"智能应用、周到服务"为核心，利用人工智能技术等先进技术，优化运行调度，建设基于大数据与"BIM+GIS"的智能设备管理系统，基于人工智能、大数据及云计算的智慧运行调度系统，实现工程运营全过程的"关门"管理。

2.3 "三个留给"建设理念

"理念"是人类以自己的语言形式来诠释现象与事物时,所归纳或总结的思想、观念、概念与法则,反映了工程人员在工程实践中所应遵循的行为准则。为了将所有参建单位思想理念、价值认同统一起来,管理团队将利用合同构建的松散的组织凝聚成一个整体,凝练出"三个留给"的建设理念。

建设伊始,管理团队反复研判珠江三角洲水资源配置工程所处的地理位置、社会环境、建设任务、工程目标等因素,在前期征迁过程中提出了"少征地、少拆迁、少扰民"的工作思路,在工作中总结提炼出"把方便留给他人、把资源留给后代、把困难留给自己"的建设理念。在工程建设过程中,展现了工程建设者的家国情怀与责任担当,彰显了新时代水利人的守正创新与精神追求,秉承粤海水务企业品格,贯彻了"三个留给"建设理念。本理念起源于规划设计阶段,践行于施工建设全过程,泽被至未来长期发展。

2.3.1 把方便留给他人

把方便留给别人,意味着在项目开发和运营过程中,始终以客户为中心,关注客户需求,力求为客户带来最大的便利;以社会为先,优先考虑社会效益。工程建设过程中,考虑到在经济发达的珠江三角洲地区,供水工程若采用传统的明渠、浅埋或者部分深埋的方式,都将不可避免地对沿线城市现有布局和未来规划造成极大的影响。为了最大限度地减少对居民生活、生态环境的影响,设计团队从路线布置、施工条件、工程造价、生态保护等方面综合考量,最终提出了深埋盾构施工输水隧洞的方式,力求最大限度节约地表和浅层地下空间,降低对城市布局、居民生活和生态环境的影响。

2.3.1.1 主动选择深埋

工程地处寸土寸金的粤港澳大湾区,在工程前期规划阶段主动选择在地下 40~60 m 深处建造(见图 2-2),将预留出来的空间留给市政、电力、地铁部门,最大限度减少征拆及对沿线生产生活的影响,为基础设施的建设提供方便。

图 2-2　深埋盾构示意图

2.3.1.2　主动选择避让

工程沿途穿越 105 处重要建（构）筑物，其中高铁 4 处、地铁 8 处、高速 12 处、江海 16 处，主动避让他人，减少交叉干扰，预留发展空间。

2.3.1.3　主动选择利他

工程始终坚持公益性原则，通过建筑设计、渣土资源化、发行绿色债券、合理设置水价、积极协调征地等方式，勇担社会责任，彰显利他精神，展现国企担当，并促进工程与地方协调、区域开放与地方共享。

2.3.1.4　主动承担责任

工程参建单位之间主动承担各自责任，某施工单位在施工初期首创钻、抓、铣地连墙成槽工法，为全线工作井快速施工提供借鉴；多个相邻标段间互相支持，为对方盾构始发和盾构接收创造有利条件。

2.3.2　把资源留给后代

坚持"把资源留给后代"，推进全生命周期生态管理，提升沿线居民的获得感，力求功在当代、利在千秋。

2.3.2.1　调运西江水源

采用节水定额方式，合理预测与配置工程沿线城市未来发展需水量，通过跨流域调水方式，每年调运 17.08 亿 m³ 西江优质水资源（常年达到 Ⅱ 类水质），有序输送到珠江三角洲东部，缓解因时空分布不均而产生的资源性缺水问题，解决因咸潮上溯带来的水质性缺水问题，提高水资源对经济社会发展的支撑能力，全面保障湾区供水安全。

2.3.2.2　退还生态用水

生态用水是保障生态安全的重要水源，对促进水生态系统休养生息具有重要作用。长期以来，珠江三角洲经济社会快速发展，挤占了东江流域及沿线城市生态用水。工程通过从西江引水置换水源，深圳每年退还 2.08 亿 m^3 东江水量作为当地河道生态用水，东莞减少东江取水量 1.2 亿 m^3，保障东江下游河道生态用水，助力东江流域及沿线城市水环境治理与水生态修复，造福湾区人民，惠及子孙后代。

2.3.2.3　节约万亩土地

在寸土寸金的珠江三角洲地区，工程输水线路选择，尽可能避开城乡聚居区、生态保护区，一改明渠或浅埋施工和斜向工作井开挖方式，采用深层管道输水方式和垂直竖井开挖方式。工程永久征地仅 2 600 亩，较传统明渠方式节约土地 2 万多亩，节地比例高达 90%。

2.3.2.4　保护森林资源

森林资源是地球上最重要的生态系统，是维持地区生态平衡和安全的重要保障。工程在规划设计与建设过程中，反复优化线路布局、施工方式等，尽可能避让生态保护区。对于难以避让的大金山、大岭山、罗田、光明等森林公园和东莞马山自然保护区，采用隧洞穿越方式，呵护森林生态环境。加大工程沿线植绿护绿、义务植树力度，鼓励广大参建单位、社会公众共植纪念林，助力绿美广东生态建设。

2.3.2.5　让渡地下浅层空间

工程将传统的明渠输水方式改为深埋隧洞输水，在地下 60 m 施工建设，为沿线城市发展以及未来电力、交通、供排水、燃气等建设预留浅层地下空间，把一切便利让渡给沿线人民群众和地方政府。

2.3.3　把困难留给自己

既然选择了"把方便留给他人""把资源留给后代"，也就意味着"把困难留给自己"。在自然因素与社会因素交错，设计挑战与施工挑战叠加，技术难题与管理难题并存的情况下，广大工程建设者面临着重重困难。但他们迎难而上、勇于创新，汇聚全国优秀的设计、监理、施工单位及院士、专家的力量，让问题迎刃而解，还创造了四项世界之最，包括世界上流量最大的长距离有压调水工程、世界上输水压力最高的盾构隧洞、世界上最长的预应力衬砌输水隧洞和世界上调速范围最宽的大型泵组。

为了一以贯之将"三个留给"理念践行到底，让其成为参建各方共同的行动指南和工作准则，项目法人积极与各参建单位、沿线镇村党组织开展"党建+"活动，利用党组织的政治优势和组织优势宣贯工程文化，助力项目顺利推进。

2.4　工程建设管理体系

水利工程建设要控制安全、质量、进度、成本目标。项目法人基于全生命周期视角和穿透式管理理念，构建"安全控制体系""质量控制体系""进度控制体系""成本控制体系""廉洁控制体系"（五大控制体系，见图2-3），作为工程全体建设者的共同语言和行为准则，横向到边、纵向到底，明确各参建单位的主体责任、行为规范和工作指南。

图 2-3　五大控制体系架构

2.4.1　管理思路

工程建设工作小组成立伊始，就提出工程建设要先谋划，再出征，必须要有体系思维。五大控制体系具有简洁而深刻的内涵，是对传统工程建设管理体系的继承与创新。五个要素共同构成了工程建设管理的筋骨与脉络。五大控制之间，既相互独立、自成一体，又彼此交互、融为一体，构筑了工程的管理基石。同时，五大控制体系基于全生命周期考虑，将工程运行管理考虑在内，为工程通水运行奠定了良好的基础。

五大控制体系中，安全是红线，质量是底线，成本是上线，进度是主线，廉洁是高压线。五大控制体系形成于2017年底广东粤海珠三角供水有限公司成立时，完善于试验段项目建设实践中，贯穿于工程建设全过程。

五大控制体系横向到边、纵向到底，明确各参建单位的主体责任、行为规范，可作为参建单位的工作指南。参建单位及其员工目标清晰，将工程建设的总体目标分解为每个责任主体的具体控制目标；项目法人将整个建设团队作为一个整体组织统一管理，各责任主体依据合同针对性制定相应的组织架构、明确岗位职责；参建单位对每项控制要素的管理框架、控制标准、控制措施等制定工作制度、管理流程和规范表单。体系运行过程中建立了智慧化管理系统，所有参建单位使用一个系统，五大控制体系形成共同语言，提高沟通与协作的效率，支撑、监督体系等的正常运行。

2.4.2　五大控制体系介绍

2.4.2.1　安全控制体系

珠江三角洲水资源配置工程坚持安全第一、预防为主、综合治理的方针。项目法人的安全管理是针对建设过程中一切人、物、环境的状态管理与控制，坚持以人为本、预防为主、全过程全方面管控原则，以全员安全生产责任制、安全生产组织保障、安全生产投入、安全技术措施、安全生产检查培训、安全评价为抓手，建立科学高效的安全控制体系(见图 2-4)。

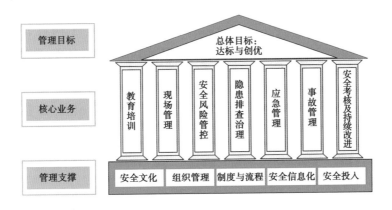

图 2-4　安全控制体系总体框架

1. 管理目标

总体目标为：不发生较大及以上安全生产责任事故。

安全管理内控目标包括日常管理目标和安全创优目标。日常管理目标以"六个零"为核心，即不发生较大及以上的机械设备、垮塌责任事故，不发生较大及以上车辆责任事故，不发生较大及以上突发环境责任事件，不发生较大及以上火灾责任事故，不发生职业病，不发生重伤及以上责任事故，安全创优目标为安全生产标准化一级达标、水利建设工程文明工地。

2. 核心业务

安全控制体系核心业务包括教育培训、现场管理、安全风险管控、隐患排查治理、应急管理、安全考核及持续改进。教育培训管理内容包括以培训需求与计划管理为主的教育培训及人员教育培训，其中人员包括主要负责人与管理人员、从业人员以及其他人员。现场管理内容主要包括开工安全生产条件和现场安全文明管理总体策划。安全风险管控管理内容主要包括风险辨识与评估、风险控制管理、重大风险辨识与管理以及风险预警预测。隐患排查治理内容主要包括隐患排查、隐患治理和隐患排查治理系统的构建。应急管理主要内容包括应急准备、应急处置和应急评估三个方面。安全考核及持续改进主要内容包括日常违章考核、月度安全文明管理考核评比、评优活动与劳动竞赛、安全事故考核和年度安全考核。

3. 管理支撑

安全控制体系的有效落地、高效运行依赖管理支撑，包括安全文化理念、安全组织管理、安全管理制度与流程、安全管理信息化、安全投入。

安全文化理念首先凝练出"安全第一、追求卓越"的核心理念。树立"六个三"的基本理念，即三个需要（安全生产是坚守生命红线和严守法律法规底线的需要，是企业生存和可持续发展的需要，更是个人和其家庭美好生活的需要）；三个信念（所有的事故都是可以预防的、所有的伤害都是可以避免的、所有的违章都是可以杜绝的）；三个全面（全员参与、全程管控、全信息化）；三个投入（投入人员、投入时间、投入金钱）；三项持续（天天讲、月月讲、年年讲）；三个做起（从我做起、从现在做起、从小事做起）。

安全组织管理包括两个方面：建立所有工程相关单位参与的安全管理网络，包括水利行业主管部门、粤海集团等外部监管单位、项目法人、监理单位、施工单位等工程各参建单位，设计咨询、安全咨询、保险机构等工程服务单位；建立所有参建单位参与的安全生产领导小组，每季度召开季度安全生产领导小组会议，传达上级安全生产有关部署，研究工程建设安全风险管控，扎实推进工程安全管理要求。

安全管理制度与流程包括 35 项安全管理制度、13 项应急预案、36 项安全管理流程与表单。

安全管理信息化以各类信息化平台为支撑、以安全管理业务为需求、以施工现场安全为重点，将管理数据"一网打尽，动态监控"。包含安全管理系统、视频监控系统、门禁管理系统、关键设备监测系统及各类移动应用平台。尤其是安全管理系统，依托安全管理体系 7 大核心业务开发，将安全管理体系要求由管理系统实现，实现"现场监管实时化、过程管理痕迹化、安全考核指标化"的管理要求。

安全投入要足额提取、专款专用，确保安全投入到位。施工合同中按照国家现行法律法规及定额标准计提（2%），安全文明施工措施费用招标时不参与竞价。合同规定，安全生产措施费提取采用预付方式，每年提前支付下一年安全生产费用。为进一步明确《企业安全生产费用提取和使用管理办法》中规定的建设工程施工企业十项安全生产费用要求，公司组织各参建单位召开专题会议研讨形成《珠三角水资源配置工程安全生产措施费项目清单》，指导各参建单位安全生产措施费提取和使用。

2.4.2.2　质量控制体系

工程质量是工程满足明确需要和隐含需要的总和，通过合同、规范、标准等明确需要，满足用户在适用性、可靠性、经济性、外观质量与环境协调等方面的需要。项目法人对水利工程质量承担首要责任，参建单位按各自职责对工程质量承担相应责任。项目法人基于全生命周期的视角，发挥领导作用、全员参与、持续改进等基本原则，制定质量方针、质量目标、质量手册、程序文件、质量记录等体系文件，建立了完善的质量控制体系，如图 2-5 所示。

1. 管理目标

质量管理总目标为创造国家优质工程，并将此目标分解到各个参建单位之中。按照总体目标和分目标要求，珠江三角洲水资源配置工程水利类奖项申报流程如图 2-6 所示。

2. 核心业务

核心业务基于质量管理思路，坚持政府监督、项目法人主导、第三方参

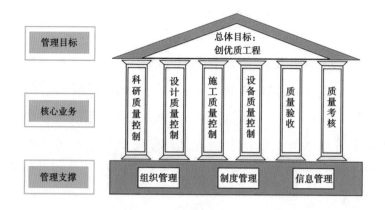

图 2-5　质量控制体系总体框架

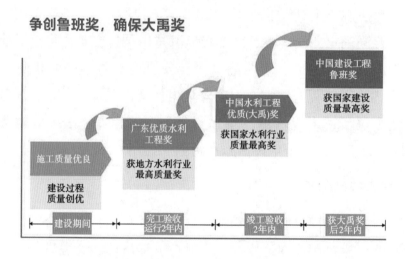

图 2-6　珠江三角洲水资源配置工程优质奖申报路径

谋、参建各方齐抓共管，如图 2-7 所示。

3. 管理支撑

质量管理支撑包括组织管理、制度管理、信息管理。组织管理是指组织建立政府/社会、建设单位、第三方和参建单位齐参与质量管理的网络，成立质量管理领导小组，每季度召开领导小组会议，研究存在的质量问题并部署下一步工作安排；制度管理根据"飞检""稽核"等文件梳理质量主体责任清单，按照"横向到边、纵向到底，各司其职、各负其责"的原则建立质量管理责任矩阵；信息管理包括建立办公自动化 OA 系统、项目管理信息系统（PMIS）、质量检测信息管理系统、智慧监管平台、监管与评价系统等，利用信息化手段支撑质量管理，从开工报审、设备进场、原材料报验到

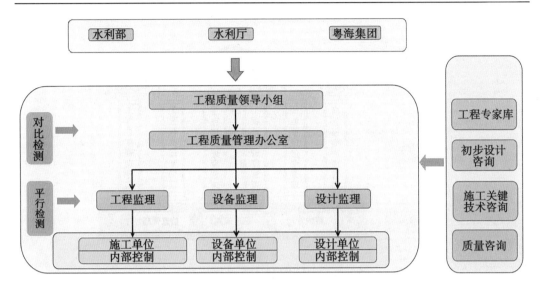

图 2-7　珠江三角洲水资源配置工程质量管理思路

施工技术方案、施工报告等文件全部实现在线报审，确保质量档案资料及时生成，在线保存。

2.4.2.3　进度控制体系

珠江三角洲水资源配置工程具有线长、点多、面广，且技术复杂、涉及专业多、投资大、建设工期长等特点，工程进度控制任务艰巨。项目法人采取组织、信息技术等手段，将工程项目报批、征地移民、设计、施工、验收、考核等业务，按照系统控制理论，建立健全进度控制体系，如图 2-8 所示。

1. 管理目标

工程进度管理总体目标为：按期完工，力争提前。工程报批完成后，进度管理的核心在于征地移民进度管理和工程施工进度管理两个方面。进度管理目标组成如图 2-9 所示。

2. 核心业务

进度控制体系核心业务涉及项目报批、征地移民、工程设计、工程施工、工程验收、工程进度管理考核，其中项目报批进度管理内容包括可行性研究和初步设计报批进度跟进，重点关注报告的编制、审查、审批三个环节。征地移民进度管理主要包括用地报批、安置点建设、移民搬迁、用地交付。工程设计进度管理包括两项内容：一为包含招标图纸、招标技术条款和

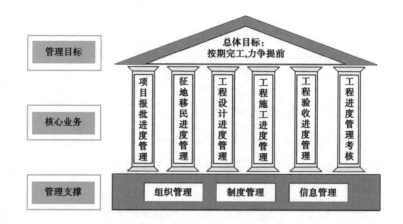

图 2-8 进度控制体系总体框架

图 2-9 进度管理目标组成

工程量清单及控制价的招标设计进度管理；二为包含设计图编制、设计图审查和图纸修订完善的施工图设计进度管理。工程施工进度管理内容主要包括施工准备和建设实施两部分，其中施工准备包括施工招标、质监安监手续办理、"三通一平"手续办理、开工令签发手续；建设实施进度管理包括钻爆隧洞施工进度管理、TBM 隧洞施工进度管理、盾构隧洞施工进度管理、泵站施工进度管理和水库施工进度管理。工程验收进度管理主要包括过程验收、专项验收及完工验收。进度考核管理主要包括施工、设计、供货进度考核。

3. 管理支撑

进度管理支撑包括组织管理、制度管理、信息管理。组织管理是指建立外部机构监督、建设单位管理考核、主体单位全力以赴、第三方单位预警督促的进度管理架构，对进度实行全方位的管理。制度管理是紧密围绕六大核心业务，积极与政府部门沟通，优化管理流程及程序，编制管理制度及程序共计20项。信息管理是严格执行"计划、执行、考核、纠偏"闭环管理要求，从计划编制、工效分析、过程反馈及预警、关键线路识别、考核管理、可视化展示等方面建立信息化管理系统，推进进度管理"管细、管精、管好"，助力工程建设。

2.4.2.4　成本控制体系

工程成本涵盖的内容与工程投资基本一致。工程成本管理指的是在工程建设过程中，加强对影响工程项目成本的各项因素的管理，采取各种有效措施，把实际建设过程中的各种消耗和支出严格控制在成本计划范围之内。成本管理贯穿于工程建设全生命周期，涉及各个参建方利益。项目法人以分阶段控制、动态控制、全生命周期控制为原则，明确各阶段成本管理主要内容，构建工程成本控制体系，确保了工程费用合法合规，成本不超概算。成本控制体系总体框架如图 2-10 所示。

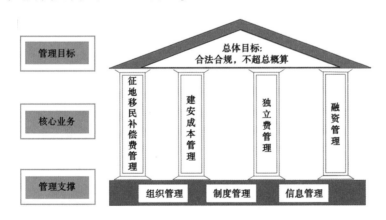

图 2-10　成本控制体系总体框架

1. 管理目标

成本管理总体目标为：按照合法合规的原则，不超总概算，确保资金安全，结合具体情况合规化管理。

2. 核心业务

成本管理核心业务涉及征地移民补偿费管理、建安成本管理、独立费管理和融资管理。其中建安成本管理包括设计管理、预算管理、合同与变更管理和结算管理。

征地移民补偿费开支确保合法合规，聘请专业监督评估机构，与设计单位、审核专家及各地政府充分沟通，尽可能明确方案，充分考虑征地移民费用。

建安成本管理包括五个核心业务：科研助力、设计咨询、分项概（预）算管理、变更管理和合约管理。科研助力方面围绕工程关键技术、新工艺、新工法分批开展科研。设计咨询方面，聘请行业内实力经验丰富的设计咨询单位，对初设、施工关键技术、重大设计方案、全过程进行设计咨询，全方位参与。分项概（预）算管理按建管思路对概算分解，一事一立，编制实施预算。变更管理是对变更进行分类管理，分级管控，分步管控、集体决策。合约管理根据项目特点，科学划分标段、引入充分竞争，及时准确计量支付。

独立费管理结合概算批复情况分析管控重点，重点解决建设管理费范围广、取费费率低问题。项目法人建管费管理思路为做好事前规划，在概算中将部分咨询费用剥离，编制总预算报股东审批后限额开支。

融资管理主要内容包括研究工程投融资模式，落实资金筹措方案、创新融资方式，降低融资成本、梳理融资路径，落实资金到位。

3. 管理支撑

成本管理支撑包括组织管理、制度管理、信息管理。根据"静态控制、动态管理"的原则，建立股东会、董事会、党委会、经营班子会、变更工作组等分级审批集体决策机制，实现成本管控合法合规。按照法律、法规和规章要求，编制预算开支、预备费使用、价款支付、变更管理、签证管理、结算管理等覆盖成本管理全过程的制度，实现全方位参与、全过程管控。搭建成本管理智慧平台，搭建——对应的数字审批流程，实现实时、快速、准确反馈动态成本，赋能成本智慧化管理。

2.4.2.5 廉洁控制体系

在坚持打造优质水利工程的同时，需大力建设廉洁工程、阳光工程，为水利工程建设运行的可持续性和健康高质量发展提供有力保证。纵观工程项目廉洁风险问题，主要集中在物资设备采购与管理、财务管理、招标管理等方面。项目法人以文化为引领，夯实工程建设"廉洁基础"，构建了包括廉洁风险识别、廉洁风险控制、廉洁文化宣教、综合监督和执纪问责在内的工程廉洁控制体系（见图2-11），确保珠江三角洲水资源配置工程顺利建设实施。

图 2-11　廉洁控制体系总体框架

廉洁管理目标：围绕廉洁建设 4 大模块业务，注重廉洁风险防范和全程监督，一体化推进"不敢腐、不能腐、不想腐"体制机制建设，实现"廉洁工程、阳光工程"总目标。

廉洁管理思路：制定廉洁管理通用制度、专有制度，组织识别工程建设中的主要廉洁风险点，制定应对措施；发挥监督"兜底+赋能"作用，压实相关单位廉洁管理责任，推动廉洁风险控制各项措施落地落实；开设廉洁课堂，推进廉洁进工地，打造立体廉洁文化宣教体系，筑牢广大建设者拒腐防变思想防线；强化执纪问责，认真落实"三个区分开来"，精准运用"四种形态"，充分调动党员干部干事创业的积极性。

廉洁控制体系核心业务涉及廉洁风险识别、廉洁风险控制、廉洁文化宣教、综合监督和执纪问责。其中，廉洁风险识别主要包括识别工程建设过程中安全方面、质量方面、业主单位、监理单位、设计单位、施工单位等存在的廉洁风险点，提出应对措施。廉洁风险控制主要包括规范公司治理，明确职责分工，构建权力制衡机制等。廉洁文化宣教主要包括融入"互联网+"思维，善用古今正反面典型廉洁案例，形成具有工程特色的廉洁文化品牌。综合监督主要包括发挥财务、法务、审计、纪检和其他职能监督的作用，围绕工程建设不同阶段，聚焦工程建设和公司发展重大事项开展监督，创造价值。执纪问责主要包括畅通信访举报渠道，接收群众提供的问题线索；适时对不作为、慢作为、懒作为行为开展调查，对当事人给予党纪政务处分，形成震慑。

2.4.3　智慧建管助力五大控制体系运行

珠江三角洲水资源配置工程以实现工程深度融合信息化、智慧化等先进技术，旨在实现工程的精细化管理与智慧化决策新高度。通过构建"全面感知"的物联网体系，确保对工程运行的实时洞察；借助"高速互联"的网络架构，实现数据信息的无缝流通；利用"充分共享"的大数据平台，挖掘数据价值，促进资源优化配置；依托"智慧应用"的人工智能技术，为工程管理提供精准预测与智能决策支持；最终实现"周到服务"，不仅提升了工程管理效率，还促进整个管理体系和能力的现代化转型，为珠江三角洲地区的可持续发展注入强劲动力。

2.4.3.1　BIM+GIS 系统平台建设实施

1. 需求分析

珠江三角洲水资源配置工程地质条件复杂，大型建筑物多，急需通过BIM+GIS 平台，模拟不同设计方案下的工程效果，评估其对周边环境的影响，从而选择最优的设计方案。在初步设计审查意见中，明确工程应进一步优化总体架构和各系统技术参数，优化工程数据中心和调度监控中心的配置，优化模型算法分析支撑和数据支撑平台设计内容，强化工程数字化模型（BIM）在工程全生命周期的应用，研究 BIM 模型的轻量化和可视化应用，以及数字化水量调度管理应用。

2. 系统构建

项目法人招标选取工程全生命周期 BIM+GIS 系统平台建设承包商。承包商建立工程全生命周期 BIM+GIS 支撑平台，整合"人、机、料、法、环"全要素监测体系，融合安全、质量、进度、投资等核心管理数据，开发态势感知应用系统。承包商遵循统一出口和入口原则，搭建工程数字门户，整合内部各业务应用系统，如 BIM+GIS 系统平台、办公自动化（OA）、建设期BIM+GIS 应用集成服务、工程项目管理系统、图文档管理系统等；构建支持

iOS、Android 等操作系统的移动客户端，实现现场数据采集、展示、模型浏览、消息推送等功能；对机电设备等重点水利工程实景建模与模型进行深化，构建包含数据底板、模型库、知识库、仿真模拟引擎的数字孪生平台，实现物理水利工程的全要素数字化表达。

3. 系统应用

基于 BIM+GIS 构建的数字孪生平台，应用于工程运行监测、供水调度总览、智能辅助检修、工程安全管理、智能辅助巡检、智能辅助控制、工程充水及排水过程孪生等多个领域。

在工程运行监测方面，呈现全线输水干线、分干线、支线、水库、分水口、三大泵站及其关键设备的实时运行监测数据，实时监控、掌握工程全线整体运行状态与业务场景。

在供水调度总览方面，建设水利调度业务场景，模拟不同工况下不同供水调度方案产生的结果掌握供水调度的工情、水情、水质等情况，跟踪与评价调度方案执行情况。

在智能辅助检修方面，三维模型展示泵组设备细节，精确定位和查询检修部位，实现检修过程可视化管理，提供自定义检修流程和实操演练的培训功能。

在工程安全管理方面，模拟火灾、水浸等安全演练场景及相关预案，实现对人员行为的安全管控智能应用，辅助完成安全管理决策。

在智能辅助巡检方面，实时呈现巡检的任务、监控、结果和安防系统的视频监控、报警信息等，实时掌握自动巡检任务情况和环境安全，保障生产区安全稳定运行。

在智能辅助控制方面，统一监控泵站厂房内的空调通风系统、照明系统，实时追踪交通洞内车辆、人员信息，根据来访需求远程控制闸门启闭。

在工程充水及排水过程孪生方面，多方案模拟闸阀开度、管道流量、开始水量、结束水量等参数，实时计算影响工程的安全因素，预报重点关注内容；预演隧洞排水过程，模拟管道内水位下降速度和预计排水完成时间，提供数据支撑和辅助决策。

案例 5：工程充水及排水过程孪生

鲤鱼洲至高新沙段，需重点关注 SD06#井（高程最低）排气的情况、压力等；高新沙泵站至沙溪高位水池段，要重点关注从南沙支线到主管充水的流量。在实际充水过程中通过孪生系统直观准确地预测工作井到达、管道满管时间，提前安排人员进行现地值守，实现前瞻预演，高效决策。

2.4.3.2 工程建设管理平台建设运行

1. 需求分析

珠江三角洲水资源配置工程在水利部总体行动方案指引下，以打造新时代生态智慧水利工程为建设目标，需要全方位推进智慧工程建设，抓好智慧工程顶层设计，实现"智慧设计""智慧建造""智慧运维"。其中，在智慧建造板块，以精细化管控要求为指导原则，以各级领导、各业务部门和参建方需求为出发点，开展智慧工程建设工作，构建稳定、可靠、先进的项目管理信息系统（PMIS），为工程建设提供信息化支撑，为各级项目管理人员提供决策分析辅助。同时，系统无缝融入工程全生命周期 BIM+GIS 平台，实现与其他系统的数据贯通，便于参建各方及时掌握信息，减少沟通成本，提高沟通效率，快速实现历史档案的检索，为打造新时代生态智慧水利工程贡献力量。

2. 建设目标

PMIS 建设，以"打造新时代生态智慧水利工程"总目标为指导方针，围绕项目"安全、质量、进度、成本、廉洁"五大控制目标，为珠江三角洲水资源配置工程建设一套符合公司管理规范、体现项目管理核心价值、满足项目各参建方在线协作的专业、便捷、高效的项目管理信息系统，确保工程建设管理流程规范有序开展，同时有效助力"打造新时代生态智慧水利工程"目标的实现。

PMIS 主要使用对象为业主、施工单位、监理单位、设计单位等，做到在安全权限保证的前提下确保数据录入的一次性、及时性及精准性，并在最大范围内共享项目信息，提高信息的协同价值，提升工程管理水平与工作效率。

3. 系统架构

按照智慧水利工程总体规划，结合各业务部门管理需求，PMIS 架构主要包括五大中心、十八大模块和十大系统集成。

五大中心包括工程数据中心、系统管理中心、系统业务中心、项目门户中心和移动应用中心。

十八大模块包括前期管理、设计管理、科研管理、征拆管理、概算管理、招标采购管理、合同管理、安全管理、质量管理、成本管理、进度管理、施工管理、物资管理、变更管理、决算转固管理、廉洁管理、综合管理、文档管理。

十大系统集成包括工程数字门户、工程移动门户、BIM+GIS 平台、智慧监管平台、粤海集团法务系统、财务协同平台、质量检测系统、数字档案电子签章系统、粤海水务 OA 系统、档案系统。

4. 系统应用推广

传统 PMIS 建设针对性、易用性不强，系统应用推进不力，参建单位人员应用意愿不强，成为制约 PMIS 应用推广的难点。管理团队决定全面推进 PMIS 建设与应用，开创国家水网建设管理信息化、智慧化先河；认为 PMIS 的建设和应用应贯穿工程建设全过程，建设与应用"能早尽早"，避免工程实体开工后 PMIS 再上线而导致的补录数据、思维定式。

首先是明确用户需求，提前策划。在前期招标阶段，招标文件中充分明确用户需求，实现横向到边、纵向到底的管理范围，完善安全、质量、进度、成本和廉洁多维度目标管理，要求业主、设计、监理、施工、设备供应、质量检测、安全监测等所有参建单位在统一平台上协同工作，尤其是在各参建单位的合同中明确了使用 PMIS 的要求，尤其是进度款的支付必须在系统中完成，否则无法完成支付。

其次是遵循"急用先建、分步实施"原则。实施过程中，先从急需解决沟通效率的设计、施工管理入手，再通过上线概算管理、招标采购管理、合同管理，以使参建单位的使用产生黏性，逐步推出进度管理、质量管理、成本管理、变更管理等功能模块。分步上线的计划一旦设定，立即执行，上线前做好操作手册的编制及针对性培训，采用企业微信及系统"问题及建议"栏及时收集用户使用过程中发现的问题及需求建议，实施团队对用户提出的问题和建议认真分析，对系统进行升级迭代，逐步完善系统功能与应用体验，最终实现系统的成功应用。

最后是高位推动，坚持应用。PMIS 的推广应用需要公司管理层的高度重视与全面参与，既需要自上而下的宏观管理需求，也需要自下而上流程执行的业务需求，才能确保系统成功投入与长期应用。PMIS 构建之前，项目法人采用 OA 系统进行协同办公，所有业务功能均采用"文档+流程"的方式，同步还需要进行线下的纸质文件的签字或盖章。自 PMIS 上线后，直接落实系统应用的"单轨制"，所有业务都在线上完成，基于电子签章、档案管理等系统的集成进行签名盖章与归档，实现无纸化办公，将所有参建单位纳入到统一的业务流程体系下，成功完成工程项目级的协同管理，提高工程建设管理效率。

第 3 章　设计管理创新

卓越的工程源于卓越的设计
引进设计关键技术咨询、施工图设计监理
调动所有参建单位参与施工图审核
先建筑设计，再工程设计

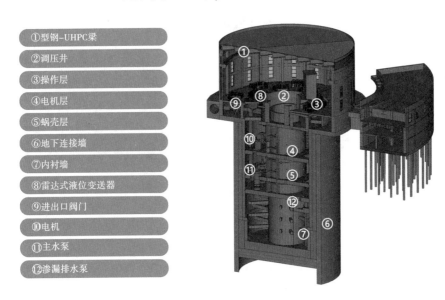

①型钢-UHPC梁
②调压井
③操作层
④电机层
⑤蜗壳层
⑥地下连接墙
⑦内衬墙
⑧雷达式液位变送器
⑨进出口阀门
⑩电机
⑪主水泵
⑫渗漏排水泵

黄阁水厂井中井取水泵站

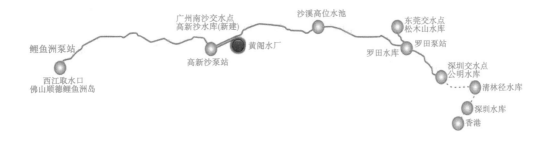

本章导读

水利工程建设一般把初步设计及其之前的工作叫前期工作，施工图设计属于建设期。珠江三角洲水资源配置工程管理团队基于全生命周期的视角超前谋划，在可行性研究阶段、初步设计阶段等建设前期便引进专业机构开展了关键技术咨询，使得工程整体方案更加合理，工程概算投资、计划工期和质量标准更加科学，工程建成通水运行检修更加便捷。建设期的施工图设计阶段，一方面，委托专业机构开展施工期关键技术咨询，使得关键技术的施工措施更加合理；另一方面，委托国内大型设计院开展设计监理工作，严控供图计划，把关每一张施工图纸，使得施工图设计工作与现场施工科学衔接。

珠江三角洲水资源配置工程充分调动参建施工单位、监理单位的积极性，创新施工图审查办法，对施工图纸进行分级，不同级别设置相应的审查流程；开展科技创新，助力工程设计；汇聚全国专家资源，破解工程建设难题。

珠江三角洲水资源配置工程还开创了水利工程开展建筑设计的先河，考虑工程所在地为珠江三角洲发达地区，对展示新时代水利工程新形象提出更高要求，对地表建筑物先建筑设计，再工程设计。

3.1　引进专业设计咨询和设计监理

珠江三角洲水资源配置工程在前期工作中，借鉴东深供水改造工程的成功经验，在初步设计等前期工作、施工图设计阶段引进顶尖的设计咨询及监理单位，进一步完善设计管理机制，有效提升整体设计工作的质效。

3.1.1　初步设计管理创新——委托专业技术咨询

项目法人在全国范围内遴选初步设计咨询单位，汇聚其地质、水工、勘探设计等专业力量，对整个工程开展全面的初步设计咨询，提出优化设计方案建议，并对关键技术提供专业咨询意见。所选咨询单位在初步设计方案论证和重大技术咨询方面均处于国内领先地位，特别是派出了水利工程设计大师、勘测大师，系统地开展设计方案咨询，并针对性地开展专题咨询，为初步设计单位提供有力的指导。同时，初步设计咨询单位在初步设计阶段即进驻勘测设计单位，全程参与设计过程，提出专业建议，严格审核勘测设计成果。初步设计关键技术咨询单位主要工作任务及成效如表 3-1、表 3-2 所示。

表 3-1　初步设计咨询单位主要工作任务

序号	主要工作
1	专题研究报告及重大技术问题咨询
1.1	盾构隧洞纵断面及结构形式比选、盾构上部地面建筑物保护设计、盾构工作井深基坑和泵站高边坡支护设计、水量调度和工程调度运行方案、智慧工程、工程检修系统、输水隧洞内衬钢管防腐蚀、劳动安全与工业卫生、生态工程等 9 项专题研究报告咨询
1.2	工程地质勘察报告应用和分析；工程结构设计的合理性、安全性、可靠性审核；工程总体布置、取水口布置，输水线路选择等基本工程要素等；水锤防护措施分析；泵站、沉沙池、进出水流（管）道、出水池、调压设施布置及结构形式等；各分水闸及高位水池布置、结构形式、结构尺寸；消能、防渗及排水措施；闸门和启闭机；各泵站机组选型等；隧洞检修、维护方案；接入电力系统方式、电力设备、过电压保护；建筑物观测项目和特殊性观测项目设置；下穿既有地铁、铁路、高速公路等风险控制设计措施。工程施工组织设计；工程地质条件与隧洞埋置深度、施工工法的分析；输水隧洞断面及其结构形式，内衬结构的选择；考虑穿越不均匀地层的变形对结构的影响；对盾构及 TBM 进行选型及适应性、可靠性分析；盾构及 TBM 管片设计；教育培训基地设计方案的审查；跨狮子洋隧洞设计等 18 项重大技术问题咨询

续表 3-1

序号	主要工作
2	复核计算
2.1	典型地质代表断面的隧洞结构计算复核
2.2	典型工作竖井的结构复核
3	初步设计文件咨询总报告
4	初步设计咨询工作总结

表 3-2　论证优化典型案例

序号	项目名称	优化建议和意见	效益
1	高新沙至沙溪高位水池隧洞段隧洞开挖及内衬结构优化	论证采用无黏结预应力混凝土衬砌结构形式	1. 提高安全保障、降低施工难度； 2. 节省工程投资
2	高新沙水库部分进行土石方平衡用料调整	建议高新沙水库库底回填利用开挖弃渣	1. 减轻工程弃渣和征迁压力，有利于水土保持和环境保护； 2. 节省工程投资
3	土压平衡盾构渣土运输方式优化	建议垂直皮带机出渣	简化施工管理，降低安全风险，提高效率
4	数据传输方案改进提升	建议考虑采用 5G 网络覆盖实施方案	采用数据传输新技术，提高工程运行安全性

案例 1：高新沙水库高程优化

高新沙水库在可行性研究阶段制定的方案为：正常蓄水位 2.6 m，库底开挖高程-3.4 m，坝轴线长 3 794.8 m。经初步设计咨询单位优化调整，决定抬高库盆高程，减小库区开挖量，并加大坝后堆渣范围，实现挖填平衡并最大化利用开挖料，从而节省工程投资。优化后的方案确定正常蓄水位为 4.2 m，库底开挖高程为-2.15 m。优化前后对比如图 3-1 和图 3-2 所示。

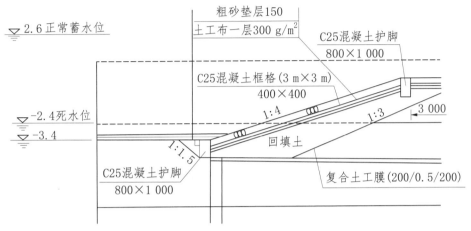

图 3-1　优化前高新沙水库剖面图

（单位：尺寸，mm；高程，m）

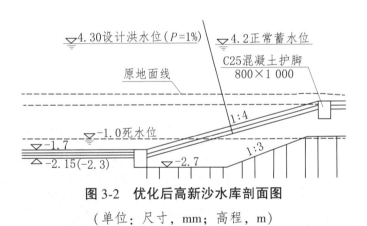

图 3-2　优化后高新沙水库剖面图

（单位：尺寸，mm；高程，m）

3.1.2　施工期设计管理创新——委托施工期关键技术咨询

在初步设计咨询和施工图设计监理机制基础上，项目法人充分挖掘设计、咨询、监理等单位后方的专业技术团队资源，建立施工期关键技术咨询机制。针对工程建设过程中涉及的工程安全重大或关键技术问题，珠三角管理团队迅速组织国内知名专家进行咨询，汇聚行业高端智慧，形成了 1+1>2 的协同效应，确保实施方案的安全性、可行性、经济性和合理性。通过施工期关键技术咨询机制，项目法人调动全国一流专家的优势资源，对技术进行再论证，并提出44项设计优化建议，有效提高设计风险的防控能力，增强设计方案的技术保障力，确保设计成果技术更加合理。本节以高新沙调压塔设置优化方案为例，对此进行详细说明。

案例2：增设高新沙调压塔

高新沙到沙溪段原存在水锤问题，水头压力高达155 m，工程运行风险较大。项目法人通过施工期关键技术咨询，决定在该段输水线路增设调压塔解决水锤问题。增设后，水锤压力降为135 m，既保障了工程运行安全，又节省了投资。该调压塔采用溢流方式，内径12 m，总高113 m，其中地下部分42 m、地上部分71 m。出口阀则采用15 s旋转80°、90 s旋转10°的关闭方式。

调压塔剖面如图3-3所示。

图3-3　调压塔剖面图

3.1.3　施工期设计管理创新——委托施工图监理

项目法人通过公开招标方式选取行业一流的施工图设计监理单位。

施工图设计监理主要工作为施工图审查、落实打造生态智慧水利工程有关设计方案和图纸审查、组织专家会审查设计方案、审核重大设计问题、提出设计优化建议以及管理设计进度等内容。

设计监理单位设立现场工作组、后方工作组及专家组，以全方位支撑设计咨询工作。

现场工作组负责审定设计单位供图计划、监督供图计划执行、组织审查并签发施工图；跟踪设计单位编制设计变更报告，审核设计变更方案的合理性及对工程安全、质量、进度和成本的影响；结合工程实际，对打造生态智慧水利工程的有关设计方案进行审查，组织专家审查相关设计方案，提出设计优化意见。后方工作组为现场工作组提供专业技术支撑，负责二级图纸审查工作、一级图纸校审工作，并整理专家组的审图意见。专家组则负责一级图纸和重大设计变更方案的审查工作。本节将以盾构工作井洞口部位临时环梁优化和土压平衡盾构洞段渣土运输方式优化两套方案优化为例进行详细说明。

案例 3：盾构工作井洞口部位临时环梁优化

原方案中，盾构工作井洞口设置 1~2 道钢筋混凝土临时环梁。施工图设计监理在地质条件及施工过程变形监测成果的基础上，对洞口环梁设计进行了复核论证，取消其中 1 道环梁。经过这一优化调整，施工工期缩短 10~20 天，节省投资约 1 400 万元。

案例 4：土压平衡盾构洞段渣土运输方式优化

原土压平衡盾构洞段渣土运输方式采用机车牵引渣土车水平运输、龙门吊提升渣土车垂直提升。施工图设计监理提出可采用垂直皮带运输方式替代原有方式。此方式可连续出渣，有效提升了盾构掘进进度，同时节省投资约 4 368 万元。

优化前后渣土运输方式对比如图 3-4 和图 3-5 所示。

图 3-4　优化前渣土运输方式示意图　　图 3-5　优化后渣土运输方式现场图

施工图设计监理单位复核优化内容及效益如表 3-3 所示。

表 3-3　施工图设计监理单位复核优化内容及效益

序号	项目名称	效益（安全/质量/投资/工期）
1	盾构工作井洞口部位临时环梁优化	1. 取消 1 道环梁可缩短 10~20 天施工时间； 2. 省去环梁拆除工序，降低了施工风险； 3. 节省了工程投资
2	C1 标城门洞衬砌厚度优化	节省混凝土约 2 万 m^3，钢筋 2 540 t，节省了工程投资
3	B4 标泥质粉砂岩、砂岩段管片钢筋优化调整	节省钢筋 539 t，节省了工程投资

3.2 多维度科研攻关，优化工程设计

项目法人高度重视科研对工程的支撑作用，为此规划了涵盖设计类、施工类、运营类等 7 项课题、27 项专题的科研规划纲要，为工程设计和施工提供坚实的理论和试验支持。在此基础上，项目法人进一步设置工程试验段，通过先行先试的方式，研发并总结了盾构分体始发施工工法、大直径钢管环氧粉末喷涂、大直径钢管快速运输及安装技术、自动焊接技术等一系列成果，并将这些成果全面运用于主体工程建设中。同时，通过开展 1∶1 预应力混凝土内衬原型试验，项目法人还研发总结了"智能张拉技术、防脱空监测技术、钢模台车优化设计、浇筑工艺及工序优化"等系列成果，有效提高了现场施工工效。此外，项目法人还通过招标遴选一批行业顶尖单位开展科研工作，科研清单如表 3-4 所示。

表 3-4 科研清单

序号	项目名称
1	复杂地质条件下高水压盾构输水隧洞复合衬砌结构关键技术研究
2	高性能自密实混凝土及壁后注浆材料研发关键技术研究
3	水污染监测与防控及取水口突发事件快速处理方案关键技术研究
4	复杂河道取水工程引水防沙、拦污技术研究
5	大流量输水系统新型竖井式高位水池复杂力学衔接及水流控制技术研究
6	小跨度超深竖井与泵站基坑支护的新技术及变形控制研究
7	工程前期水力学、泥沙及水量水质联合调度研究
8	高水压输水隧洞预应力混凝土衬砌结构设计及施工质量控制与检测关键技术研究与应用
9	滨海复杂环境多因素作用下深埋输水混凝土建筑物耐久性及整体提升技术研究
10	不均匀地质下长距离高压输水隧洞纵向稳定及地震安全性研究
11	盾构隧洞开挖渣土资源化利用关键技术研究
12	南沙地区土壤重金属超标原因及对高新沙水库的影响研究
13	高水压跃变地层输水隧道泥水盾构工程灾变智能预控现代技术

续表 3-4

序号	项目名称
14	TBM 及钻爆隧洞地质超前预报及主动控灾关键技术研究与应用
15	大流量离心泵大范围调速运行分析及对策研究
16	地下深埋长距离输水管道检修期通风研究
17	长距离、深埋条件下管道光缆敷设关键技术研究
18	复杂地层深埋隧洞掘进及内衬施工工效研究
19	大型泵站关门运行关键技术研究及应用
20	南沙支线围岩变形特性研究
21	取水对鱼类早期资源的影响研究
22	长距离深埋输水隧洞智能运行维护技术研究与装备研制
23	基于多源数据融合的智能决策支持系统关键技术研究及应用
24	滨海深埋长距离复杂输水系统海量感知数据的智能识别与结构健康在线评估关键技术研究
25	盾构隧洞预应力混凝土内衬温控防裂关键技术
26	超高性能混凝土提升水利工程结构性能的关键技术研究
27	取水对下游供水、水生态环境影响与生态补偿研究
28	输水管道检修期通风系统性能研究
29	大型调水泵站计算机监控系统国产化应用研究
30	核心系统机理模型研发与数字孪生应用研究
31	长距离输水隧洞停水期附着物清理装备与系统开发技术研究
32	智慧水务阀门数字孪生关键技术研究及应用
33	长距离深埋隧洞清理机器人关键技术研究

科技研发在工程设计、施工及运营中发挥着举足轻重的作用，本节将重点介绍"复杂地质条件下高水压盾构输水隧洞复合衬砌结构关键技术研究"等关键科研项目所取得的成效。

案例 5：盾构隧洞预应力混凝土内衬结构设计优化

高新沙泵站增设调压塔后，项目法人组织专家对输水隧洞结构进行全面复核。根据最新水力过渡研究成果和预应力内衬现场原型试验数据，对沿线每束钢绞线的规格进行调整，由原本的 8 φ 17.80 mm 双层双圈优化为 8 φ 15.20 mm 双层双圈。同时，将预应力内衬标准段分段长度由 9.6 m 延长为 11.84 m，锚具槽形式也由钢模板更换为高韧性纤维混凝土预制免拆模板。经过这一系列优化调整，工程费用节省约 4 亿元，占比高达 28%。优化前后盾构隧洞预应力混凝土内衬结构如图 3-6 所示。

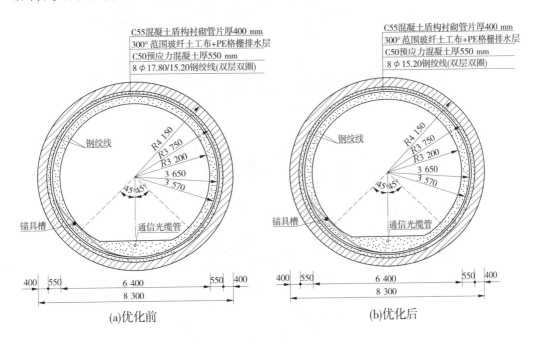

图 3-6　优化前后盾构隧洞预应力混凝土内衬结构　　（单位：mm）

案例 6：盾构工作井上部创新结构优化

工程沿线工作井操作层原采用预制 T 型梁+现浇楼板，屋面则采用钢屋架结构。由于工作井深达 40~60 m，支架搭设难度大，通常采用吊模施工。但吊模施工工艺繁杂，拆模困难，特别是在操作层面板浇筑完成后，只能通过预留开孔进行模板拆除，下方缺乏操作平台，拆模过程安全风险高。针对这一问题，项目法人通过施工期关键技术咨询，将操作层优化为预应力混凝土工字梁+UHPC 超高性能混凝土板，屋面则采用型钢 UHPC 组合结构+免拆模板。这一调整极大提高了工作井施工进度，为工作井顺利收尾奠定了坚实基础。

优化前后盾构工作井上部结构对比如图 3-7 所示。

(a)优化前

(b)优化后

图 3-7　优化前后盾构工作井上部结构对比

3.3 施工图纸审查机制创新

3.3.1 施工图审查流程

在设计监理机制和施工期关键技术咨询的基础上，项目法人进一步创新了施工图纸审查机制，充分调动建设单位、设计单位、设计监理单位、施工单位、施工监理单位等多方的积极性与参与度，使其共同参与到施工图纸审查工作中。

具体来说，在施工图纸设计监理机制基础上，将施工图明确分为送审稿和正式图两个阶段。送审稿的主要目的是让各参建单位进行初步审核，并提出各自的审核意见。这些意见经设计监理单位和建设单位（如需）进一步审核后，将提交至设计单位进行参考和修改。需要注意的是，送审稿并不作为现场施工的直接依据。而正式图是根据设计监理审核意见修改完善后的施工图纸。这份图纸在经过施工图设计监理和施工监理同时审核、盖章签发后，才正式成为现场施工的依据。相较于传统方式，这样的图纸审查程序增加了参建单位的审查环节，从而有效地保障了施工图纸的质量和准确性。珠江三角洲水资源配置工程图纸审查总流程如图 3-8 所示。

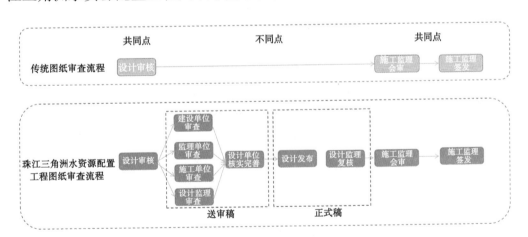

图 3-8 珠江三角洲水资源配置工程图纸审查总流程

3.3.2 施工图分级审查机制

珠江三角洲水资源配置工程在施工图管理方面，采用施工图三级审查机制，以确保施工图纸的准确性和可行性。这一机制将施工图纸文件分为三个级别，并明确了各级别的审核权限，具体如表 3-5 所示。

表 3-5　施工图纸文件分级审查权限

文件类型		设计单位	施工单位	施工监理单位	设计监理单位	管理部	工程部/机电部	安全质量部	预算部	总工程师
施工图送审稿	一级	◇	△	△	△/√	△	△	△	●	△
	二级	◇	△	△	△/√	△	△	△	●	△
	三级	◇	△	△	△/√	△	△	△	●	△
施工图正式稿		◇			△/√	●	●		△	●
技术联系单		◇			△/√	△	△	△	●	△
设计修改通知单		◇			△/√	△	△	△	●	△

注：表中"◇"表示发起审批程序，"△"表示参与审查，"√"表示审批；"●"表示阅知。

3.3.2.1　一级图纸

一级图纸涵盖工程线路总布置图、枢纽总布置图、重大结构及方案变更文件、建筑总平面图等关键内容。一级图纸审核流程如图 3-9 所示。

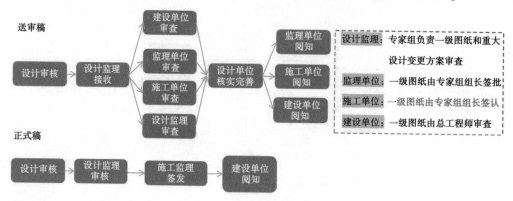

图 3-9　一级图纸审核流程

3.3.2.2　二级图纸

二级图纸包括建筑物布置图、机电设备安装及管线布置图、施工总平面图等除一级图纸范围外的其他图纸。二级图纸审核流程如图 3-10 所示。

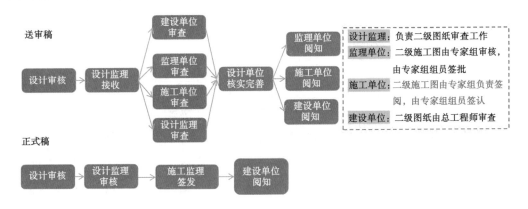

图 3-10　二级图纸审核流程

3.3.2.3　三级图纸

三级图纸包括标准套用图、各专业其他设计详图及除一级、二级图纸外的其他技术文件。三级图纸审核流程如图 3-11 所示。

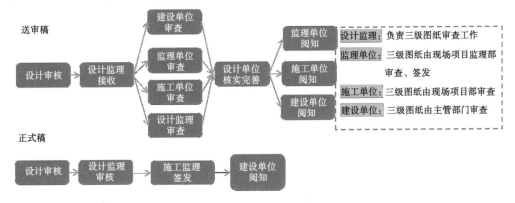

图 3-11　三级图纸审核流程

施工图纸共计 2 万余张，依据创新的审核流程和机制，以设计监理为核心，对施工图纸及设计文件进行全面的审核、审查，提出 70 余项重要修改意见。这些意见的实施有效节约了工程投资，减少了图纸中的"差、错、漏、碰"现象，提高了设计成果的完整性和准确性。这对保障工程建设安全、质量、进度及节约建设成本产生了积极影响，同时为后续工程的运行维修夯实了基础。

3.4　专家助力工程优化设计

专家团队为珠江三角洲水资源配置工程建设提供强有力的技术支撑，对保障工程的顺利实施、高效运行和长期发挥效益具有至关重要的意义。

3.4.1　设计单位专家

珠江三角洲水资源配置工程创新设计咨询机制，引进专业、一流的设计单位负责设计咨询和监理工作，为工程提供全方位的技术支持，包括初步设计关键技术咨询、施工期关键技术咨询以及施工图设计阶段监理的专家资源。同时，管理团队高度重视并充分尊重专家的意见和建议，主动热情地为他们提供周到的后勤保障服务。这一举措极大地调动了专家的积极性，他们充分发挥专业特长，不仅在履行合同职责方面表现出色，还为破解工程难题献计献策，做出了重要贡献。

案例7：优化 SL02#通风竖井方案

在初步设计阶段，2#隧洞施工通风方案未进行详细计算。为给工程设计、施工方案优化提供科学依据，设计监理单位对 2#隧洞通风方案进行了复核。经对复核结果的深入分析，设计专家一致认为取消 SL02#通风井方案切实可行。这一调整不仅有利于节省投资成本，还能减少对环境的影响，降低对施工过程的干扰。对于 SL03#通风井之前的洞段，隧洞施工所需风量应按除尘风速进行控制设计；而 SL03#通风井之后的洞段，隧洞施工所需风量应按柴油机和人员的需风量进行控制设计。取消 SL02#通风井方案，节省投资约 143万元。

3.4.2　施工单位专家

在工程监理及施工招标文件中明确要求，承包人需成立专家组，专家组组长由公司技术负责人担任。专家组需参加年度技术会议，并就公司技术支持情况进行汇报。专家组职责包括提供全方位的技术支持，对施工图纸和施工方案进行分级审查，并根据项目实际推进情况，安排相关专家驻场，及时解决施工中遇到的技术难题。通过设立专家组，有效整合并调动了参建单位总部优质人力资源和技术力量，从施工角度出发，提出了多项优化设计建议，极大地推进了工程进展，为工程高质高效建设提供了坚实的技术支撑。

案例 8：基坑开挖涌水处置

在 GZ17#工作井基坑开挖至第八层时，高频振动锤在北侧梯笼西侧地面以下 34 m（▽-31.3 m）处进行破岩施工，此时位于 22#槽位结构层沟槽回填砂处出现漏水情况。当晚，突降大暴雨，原本少量漏水处短时间内急剧涌水。现场迅速做出紧急研判，决定以最快速度向井内灌水，确保工作井内外水压力保持平衡。参建单位后方技术专家组闻讯后，立即赶赴现场。结合现场监测数据，迅速指导制定基坑开挖涌水处理专项方案。该方案包括验证钻孔注浆的堵水效果，确保在抽水工作开展前解决排水问题。同时，对 22#槽段位置进行超前开挖，一旦发现渗漏，立即采用超前注浆方式及时堵漏。经过采取一系列有效措施，最终成功解决了基坑涌水问题。

3.4.3　外部专家

针对设计阶段和施工过程遇到的关键技术问题和难题，项目法人聘请了各行业顶尖专家，通过组织专项咨询、召开专家咨询会以及专家讲座等多种形式，为工程设计和施工提供高智力价值的服务和强有力的技术支持。

案例 9：TBM 下穿怀德水库加固提升

根据怀德水库固结灌浆防渗与加固的工艺性试验成果，灌浆后的围岩虽然基本能满足设计的防渗要求，但其分级并未发生改变，无法满足 TBM 撑靴接地比压的要求。为提高 TBM 下穿大溪水库的安全性，设计专家对原设计方案进行深入的论证分析，提出设计调整方案，将原方案的固结灌浆调整为地连墙+WSS+MJS+管井降水的综合加固方式。通过地下连续墙提供侧壁撑力，上游端头加固实施 WSS 注浆，下游端头加固周围采用 WSS 注浆形成防渗相对封闭区。这一优化方案有效排除了卡机和涌水风险，确保该段TBM 掘进的安全。优化前后下穿怀德水库加固方式如图 3-12、图 3-13 所示。

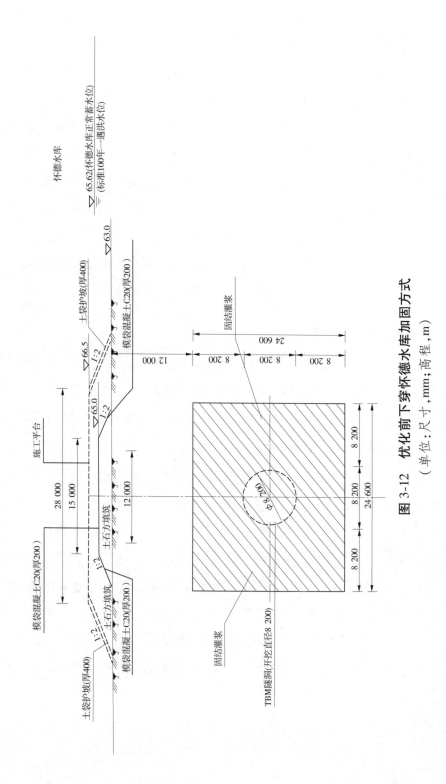

图 3-12 优化前下穿怀德水库加固方式

（单位：尺寸，mm；高程，m）

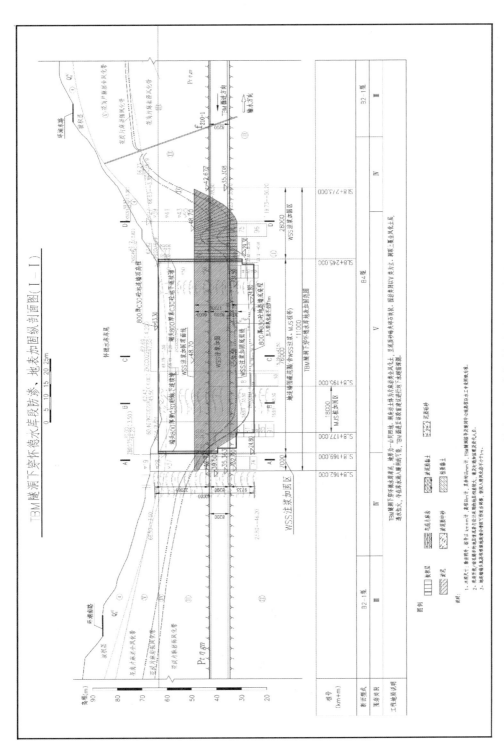

图 3-13　优化后下穿怀德水库加固方式

案例 10：工作井突发漏水险情化解

GZ21#工作井位于广州市番禺区海鸥岛，作为 GZ20#井～GZ21#井和 GZ22#井～GZ21#井区间的接收井，井深约 55 m。在自井口逆作法施工至洞门墙（第 9 层）时，突发渗漏水情况，最大漏水量达到 138 m³/h，平均漏水量为 91 m³/h。工作井的漏水导致周边测压管地下水位下降，最大累计下降量为 7.8 m，工作井周边房屋地表发生局部沉降。渗漏水险情发生后，现场迅速启动应急处置程序。参建单位总部专家力量紧急赶赴现场，提供技术支持，并研究指导现场根据钻孔揭露地质情况，科学制定堵漏方案。通过实施工作井周边回灌井、底板灌浆以及深孔灌浆等措施，封堵了深层裂隙通道，最终有效控制工作井渗漏水问题，保障了现场施工安全，并为"粤海36 号"和"粤海 37 号"盾构机到达及接收提供条件。GZ21#工作井处置方案如图 3-14、图 3-15 所示。

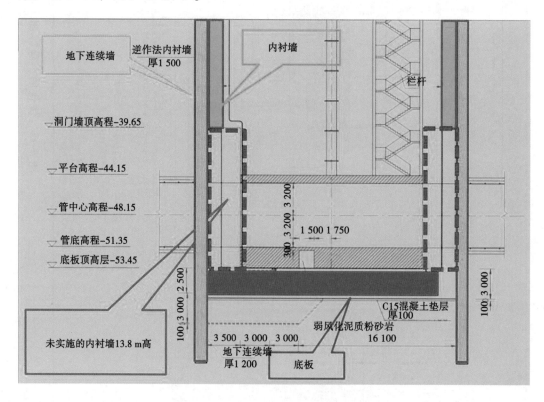

图 3-14　GZ21#工作井原围封方案

（单位：尺寸，mm；高程，m）

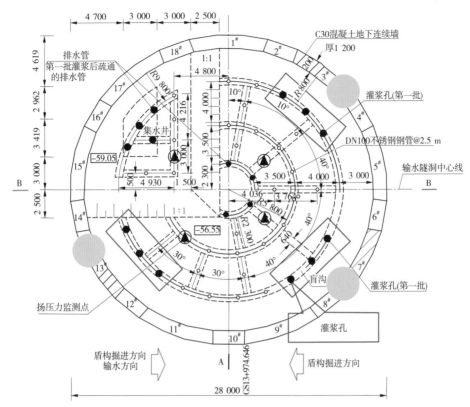

图 3-15 GZ21#工作井封堵加固方案 （单位：mm）

3.5 系统谋划建筑设计

3.5.1 基本思路

珠江三角洲水资源配置工程地处珠江三角洲的核心地带，是全国水利系统瞩目的"百年工程"，更是生态智慧与民生工程相融合的典范。传统水利工程往往远离城市，设计偏重功能与实用，而较少考虑建筑设计的美观性。项目法人决心将此工程打造成既经典又具新时代生态智慧的百年工程，致力于在水利民生建筑的外观、风格和文化艺术价值上进行深入挖掘。通过紧密结合时代特色、城乡建设、生态文明与先进科技，力求使水利工程不仅实用，更兼具艺术之美，与周边环境和谐共生，持续提升周边人民群众的获得感、幸福感和安全感。工程建成后，不仅承载着水利文化的精髓，象征着水利人的精神风貌，更将成为一件熠熠生辉的水利建筑艺术品。为实现这一目标，项目法人打破常规，系统谋划并精心开展工程建筑设计，对地面建筑物采取先建筑设计、后功能设计的创新思路。

3.5.2 建筑设计

工程主体结构大部隐匿于地表之下，而地面以上的鲤鱼洲、高新沙、罗田等 3 座泵站，以及高新沙、松木山、罗田、公明等 4 座水库，还有沿线的工作井、高位水池、水闸等关键设施，共同构成了展现水利建筑艺术魅力的核心区域。项目法人与设计单位携手合作，秉承"把方便留给他人、把资源留给后代、把困难留给自己"的崇高情怀、广阔格局及高远站位，创新性开展工程建筑方案概念设计国际招标，旨在遴选出最具创意且能够充分展现工程精神、文化内涵和艺术价值的设计方案。

招标竞赛包括两个阶段：首先是概念方案投标阶段，主要聚焦于高新沙泵站建筑方案和鲤鱼洲泵站高位水池建筑方案的概念设计；其次是概念方案深化阶段，中标单位基于竞赛概念方案设计成果，充分吸纳专家评审意见和竞赛组织单位建议，调整和完善设计方案，力求形成工程全线统一且独具特色的建筑设计风格，既突显设计感，又提升识别度。

整个建筑设计过程，始终在确保水利工程效能的基础上，追求建筑与自然环境、社会环境的和谐共生，力求实现水利工程功能性与艺术性的完美融合。

3.5.3　工程设计与建筑设计的融合

设计单位依据独特的建筑设计理念，精心开展建筑方案设计。整体上以"水接云天"为主题，巧妙地将鲤鱼洲、高新沙和罗田 3 个泵站分别设定为"涟漪""水滴"和"交织的田野"3 个子主题，从而明确了工程的建筑风格。在建设期间，设计单位持续进行细化设计，不断完善设计方案。工程建筑设计始终强调建筑与环境的和谐统一，特别是调压塔的设计，通过运用曲线和流动的形态来塑造空间，营造出一种与自然环境紧密相连、融为一体的氛围。项目法人和设计单位通力合作、精雕细琢，将建筑设计方案完美地融入工程设计中，巧妙地将"水"的形态转化为建筑语言，使得建筑工程既实现工程设计的功能，满足初步设计的要求，又完美地诠释了新时代水网工程的独特形象。

案例 11：鲤鱼洲高位水池

鲤鱼洲高位水池是珠三角工程的重要组成部分，毗邻被誉为"湾区上游、西江之心"的鲤鱼洲泵站（见图 3-16）。鲤鱼洲岛作为工程的起点，其设计理念源自水之"涟漪"。高位水池以圆形结构巍然屹立于岛中，外挂的梭形板为其增添几分灵动，宛如熊熊燃烧的火炬，生生不息，充满活力。夜幕降临时，高位水池在灯光的映衬下，如披上华服的仙子，璀璨夺目，不仅点亮了西江河畔，更与风景如画的西江美景相得益彰，即便天公不作美，也难以掩盖其独特的风采。

图 3-16　高位水池优美夜景

案例 12：高新沙水库沉砂池

高新沙水库坐落于广州南沙，是珠三角水资源配置工程唯一一座新建的水库，总库容为 482 万 m^3。水库被精心规划为三个分区，其中两处为沉砂池（见图 3-17），这些沉砂池能够有效提升水质标准，确保水库系统稳定运行。在美丽的高新沙水库，最为引人注目的莫过于那座跨越水库的人行桥（见图 3-18）。桥的设计独具匠心，巧妙地对沉砂池的隔墙进行了美化处理，既保障了日常巡检安全，又极大提升了水库的整体景观效果。西江之水越过隔墙后，变得更加清澈透明，波光粼粼的水面与人行桥相互映衬，营造出一种水接云天、仿佛在水中漫步的轻松惬意之感。

图 3-17　高新沙水库沉砂池

图 3-18　高新沙水库人行桥

第 4 章　安全管理创新

强化项目法人主导
本质安全深入人心
全业务、全方位、全过程管理
安全文明施工标准化

预应力隧洞施工现场

本章导读

本章主要介绍珠江三角洲水资源配置工程安全管理的创新内容。工程管理团队通过调研、分析、思考，提出了安全生产新的思路和做法，并成功实践，圆满完成既定的安全目标。

珠江三角洲水资源配置工程采用深埋隧洞输水，在地下 60 m 施工建设，不同于山岭隧洞施工，其通风、排水、交通、通信难度加大，风险更高。坚持项目法人主导、领导负责、预防为主、全过程管理原则，以全员安全生产责任制、安全生产组织保障、安全生产投入、安全技术措施、安全生产检查培训、安全评价为抓手，建立科学高效的安全管理体系。

提出了设计本质安全，在时间维度上考虑建设和运行，在时效维度上考虑临时工程和永久工程。

介绍了安全生产及文明施工标准化方面的创新，提出了隧洞施工现场"穿皮鞋进洞"理念，介绍了 10 个方面的具体做法。

增设了合同安全专篇，将建设管理文化理念、控制体系的安全管理思路落实在合同上，在合同内容上创新了安全管控举措。

强化了以人为本的安全管理，项目法人主导安全生产管理全局，构建以项目法人为核心、所有参建单位共同参与的系统管理体系，提出了体系正常运行的 8 条创新措施。

利用了智慧手段监管施工安全，主要介绍借助视频监控系统辅助安全管理，并通过案例说明如何发挥视频监控系统的作用。

4.1 重视本质安全

本质安全是通过设计、材料、制造等手段使生产设备或生产系统本身具有安全性，并在考虑安全冗余的基础上，增加安全联锁、紧急切断、先兆预警等措施，确保在误操作或发生故障的情况下亦不会造成事故的功能，也指设备、设施或技术工艺含有内在的能够从根本上防止事故发生的功能。本质安全的概念在工业生产、工程建设以及日常生活中都扮演着至关重要的角色。它强调的不仅仅是在事故发生后如何减少损失或伤害，更重要的是通过一系列预防性措施，从根本上防止事故的发生。这种理念体现了项目法人对安全问题的全面、深入思考和主动应对的责任意识。

4.1.1 树立全生命周期的安全观

项目法人提出：设计不能仅考虑结构本身安全，还要考虑施工过程安全，统筹兼顾运行及检修安全。初步设计阶段，专业咨询机构针对结构本身安全、施工过程安全、运行检修安全提出专门咨询建议，要求设计统筹兼顾。施工图设计阶段，施工图完成后设计人员开展设计安全交底，向监理、施工单位交底设计安全措施；设计人员参加风险评估，从设计角度提出安全标准及建议；参加周例会，对设计风险进行交底；参加变更研讨，针对现场的困难，共同研究设计变更方案，降低安全风险。

案例 1：高位水池增设预留吊篮孔

高位水池内高 73.5 m，顶部设计有巡检挑板，主体工程施工完成后，井壁防腐需吊篮施工，施工安全风险较高（见图 4-1）。为降低防腐施工风险，项目法人要求在操作平台预埋 42 个孔洞，穿钢丝绳和方管固定，进行吊篮安装。吊篮固定无须配重，倾覆风险大大降低。同时预留的吊篮为后续运行检修提供了便利，降低了运行检修吊物的风险。

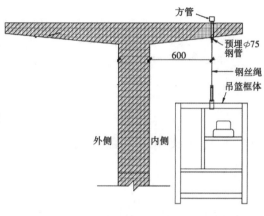

图 4-1　高位水池外部、操作平台示意图　（单位：mm）

4.1.2　机械化施工规避风险

以设备代替人，减少人在危险环境下作业，是设计本质安全的主要措施。设备选型要从安全风险查找、研判、预警、防范、处置等方面综合考虑，具有针对性，进一步提高设计本质安全。珠江三角洲水资源配置工程全部输水线路深埋地下，在可行性研究阶段和初步设计阶段，项目法人便规划采用盾构机、TBM 等设备（见图 4-2），替代人工钻爆开挖；到施工图设计阶段，将输水线路划分为 30 段输水隧洞盾构区间，并按实际水文、地质条件进行盾构选型，投入 48 台盾构机/TBM。以先进的技术和设备取代传统的施工方法，减少人员投入，降低人为风险。

传统钻爆法隧洞施工　　　　盾构隧洞施工　　　　顶管隧洞施工

图 4-2　从设备选取上规避风险

案例 2：穿越狮子洋盾构选型

狮子洋海域宽约 2.4 km，最大水深 27 m，最大隧洞埋深 55 m，盾构承受的水土压力将达到 0.55 MPa，极易出现盾尾漏水漏浆和主轴承密封损坏情况。为此，项目法人要求在盾构机选型过程中，为盾构机配置新型盾尾密封系统，采用"4 道盾尾刷+紧急气囊密封"设计（见图 4-3），尾刷前两道采用螺栓连接，在经过长距离掘进需要更换时，可缩短作业时间，降低风险。

图 4-3　盾构机 4 道盾尾刷

案例 3：狭窄隧洞内安全运输设备创新

在隧洞衬砌阶段，为确保隧洞交通安全，项目法人组织设计定制双头罐车，兼顾运输便利性的同时，配置双向指挥人员，提高安全施工系数，降低安全施工风险。

珠江三角洲水资源配置工程隧洞大部分内衬为钢管衬砌，钢管安装完成后，钢管与隧洞衬砌之间需要浇筑自密实混凝土。隧洞内空间狭小，混凝土运输车无法掉头。为解决混凝土罐车在隧洞内长距离倒车行驶视野差的问题，工程全线统一研发了"双头车"（见图 4-4），车头车尾各设一套驾驶操控设施，可以双向行驶。混凝土罐车进洞卸完混凝土拌合物后，无须掉头，驾驶员利用反向驾驶室，直接开出洞外。

4.1.3　选用风险系数低、安全性能高的工艺工法

项目法人要求设计单位树立以预防为主的思想，从源头上消除或减少危险因素，降低安全风险。初步设计阶段，设计单位应对可能出现的风险进行充分的预测和评估，选取风险系数低、安全性能高的工艺工法；在施工过程中因环境变化导致原工艺工法无法实现安全施工，从设计层面及时调整。项目法人通过初步设计技术咨询和设计监理等手段，及时变更施工工艺，所采用的工艺工法安全性较高、风险较小。

图 4-4　双向行驶罐车

案例 4：钻爆施工变更为顶管施工

东莞分干线输水隧洞 DG1+184~DG1+402 段总长约为 221 m，为东莞分干线钻爆法隧洞（桩号 DG0+000~DG1+402）的一部分，下穿虎岗高速原设计采用钻爆法隧洞施工，从东莞分干线进水闸工作面（桩号 DG0+000）、DG 临 01#工作井（桩号 DG1+401.402）双向掘进（见图 4-5）。钻爆过程中揭露工作面隧洞地下水丰富，洞身以全、弱风化土为主，洞顶主要为全风化土，开挖支护施工过程中存在较多的渗漏水及涌泥、涌水现象。继续采用钻爆法开挖支护扰动大、开挖后渗漏水等对洞顶地表沉降较为敏感，安全风险相对较高。项目法人提出改用顶管掘进方案，做好顶管机选型、控制顶管施工工艺等工作，提高了施工安全性。

图 4-5　虎岗高速公路与钻爆隧洞水平关系示意图

4.1.4 危大工程专项设计贯穿全过程施工

工程建设涉及深基坑、高支模、起重吊装、脚手架、爆破等危大工程，安全风险管控不当，极易造成群死群伤等生产安全事故。在施工图设计阶段，设计单位要对各危大工程的施工方案提出安全措施要求；在监理单位审批施工单位的施工方案前，应对方案中安全措施进行项目法人、监理单位、设计单位三方论证；在各危大工程开工前，要求施工单位制定专项施工方案，并开展施工单位公司级、监理单位公司级、行业专家三级评审，研判具体风险，制定安全管控措施，开展安全措施落实条件验收手续，合格后方能施工。

4.1.5 强化大型临建设施安全设计

为确保工程结构安全和设计安全措施到位，针对施工单位设计的大型临建设施，项目法人、监理单位、设计单位参与大型临建设施安全设计风险查找、研判、预警、防范、处置，一是确保工程结构安全，二是确保设计安全措施到位，同时结合大型临建设施的现状、场地及珠江三角洲水资源配置工程文明施工图册，对安全措施进行复核。

4.2 安全生产及文明施工标准化

珠江三角洲水资源配置工程安全生产及文明施工标准化建设，在中国水利工程建设中独树一帜，提升了安全生产及文明施工的管理水平，树立了良好的企业形象。推行安全生产及文明施工标准化，让参建人员，尤其是劳务人员的生活、生产条件获得改善、提高，促进了安全管理。项目法人制定了安全生产标准化图册，并将其要求写入合同中，落实到工程建设中，这些创新措施获得了较好的效果。

4.2.1 安全生产标准化图册

项目法人结合国家、行业有关法律法规和标准规范，参考试验段项目施工现场的实际情况，组织编制了《珠江三角洲水资源配置工程安全生产标准化图册》（下称《图册》），核心内容见表4-1。《图册》在工程施工营地和施工现场的整体布局、安全标识标牌、各功能区域要求、作业防护、员工劳动保护等方面明确了安全文明施工管理和技术标准。《图册》作为工程施工现场安全文明施工管理的依据，各参建单位必须严格执行，以实现工程创优目标。

表 4-1　安全生产标准化图册核心内容

序号	类别	主要要求
1	总体布局	三级分区、工区大门、七牌二图
2	施工区域	安全通道畅通、安全讲评台、门禁系统、洗手间、材料堆放
3	办公、生活区	会议室、食堂、监控中心、安全体验馆
4	标识标牌	安全色与安全警示线、安全警示牌
5	作业安全防护	安全网、安全防护棚、临边防护
6	个人安全防护	安全帽、双钩安全带、防坠器

4.2.2 施工现场分级管理

施工现场实行全封闭管理，根据需要和现场实际情况，将施工现场按照安全风险级别划分为三级防护区（见图4-6）。一级防护区为生产区，安全防护级别最高，要求人员佩戴安全用品，戴好安全帽，穿好不同标识及颜色的安全马甲；二级防护区为生产准备区，要求人员佩戴安全用品，戴上安全帽，穿上不同标识及颜色的安全马甲，做好进入一级防护区准备；三级防护区为生活区，不要求佩戴安全用品。进入三级防护区的人员要刷脸进入，车辆要登记入场；进入二级防护区的人员要刷脸进入，除生产用车外，其他车辆禁止入内；进入一级防护区的人员要刷脸进入，地下工作面还要佩戴安全手环，检测入场人员心率等生理指标。

图 4-6　工程三级防护区

4.2.3　标准化举措

4.2.3.1　场内场外交通标准化

施工场地实施人车分流，不同区域分别设有专用的车辆和行人出入口，且场地内部设置防护栏进行隔离。防护栏杆经过碰撞试验，满足受力要求。车辆通道设置减速带、测速仪和限速标志；步行通道设置门禁系统；沿路设置安全宣传栏、七牌二图等内容（见图4-7）。

4.2.3.2　厂区排水标准化

施工区大门口内侧设截水沟，防止场内污水、雨水流入门外市政道路；截水沟加装滤水箅子，箅子颜色为浅绿色，强度满足车辆通行需要；截水沟内的水经三级沉淀池沉淀后，方可排入市政管网（见图4-8~图4-10）。

图 4-7　人行通道

图 4-8　工区外截水沟排水

图 4-9　工区内排水

图 4-10　隧洞内排水

基坑、材料堆放区、临时道路等施工现场设置排水设施，保持排水畅通，场内无积水；施工废水、泥浆经流水槽或管道流到三级沉淀池沉淀处理达标后排放，不得随意排入市政管网、河道。

基坑、竖井等场地排水编制专项方案；台风暴雨等恶劣天气下的排水制定应急预案,现场储备大功率水泵等应急物资,防止施工场地淹没;定期排查与地面连通的结构预留孔洞,雨季考虑临时封堵措施。

4.2.3.3 施工用电标准化

施工现场必须编制临时用电组织设计,并按照规范审批;临时用电工程必须经验收合格后方可使用;采用三级配电两级保护。

(1)配电箱应按照规范进行装配,保护装置齐全、灵敏、可靠(见图 4-11);配电箱、开关箱采用固定式、移动式均可(一级配电箱宜采用固定式)。

(2)固定式配电箱、开关箱的中心点与地面垂直距离符合临时用电规范要求。

(3)移动式配电箱、开关箱应装设在坚固、稳定的支架上,其中心点与地面垂直距离符合相关规范要求。一级配电箱为白色(见图 4-12),二、三级配电箱为黄色。

图 4-11　地下连续墙焊接电箱　　　　图 4-12　一级配电箱

(4)二级配电箱需要重复接地,以保证用电安全。

(5)拆装线路频繁的配电箱使用插拔式配电箱(见图 4-13)。

4.2.3.4 隧洞通风标准化

深基坑及长距离隧洞通风不良,在大量人员作业时存在中毒、窒息风险。盾构机施工掌子面因向工程内部供给新鲜空气,排除有害气体、蒸气、粉尘和炮烟等有害物质,使工程内部空气的温度、相对湿度和流速达到规定标准(见图 4-14、图 4-15)。

图 4-13　插拔式配电箱

图 4-14　洞外排风

图 4-15　隧洞洞内通风

4.2.3.5　隧洞通信标准化

各工区需有一条运营商企业互联网宽带，实现工区与标段监控分中心等互联。互联网带宽要求：各工区至少配置带宽不小于 100 M（上下行对等）的企业互联网宽带；标段监控分中心所在工区要求考虑满足标段监控分中心与工程安全监控中心的数据、视频传输。

隧道内通信采用有线通信方式，要求施工单位敷设与外界连通的光纤通信通道，纤芯数量需满足隧道内盾构机、人员定位设备、视频监控设备等对外通信需求。承包人在洞内部署移动通信网络，满足洞内施工、监理等人员的日常通信需求。

4.2.3.6　监控标准化

在施工现场、办公区设置监控中心，实现对盾构机、主要设备、环境等的在线监测（见图 4-16）。每个工点至少配置一台视频监控设备，对关键工序施工、危险品存储、车辆出入等重点工作实施监控，数据及时收集、整理、归档、保存，保存期限至少到工程期结束。监控中心内墙张贴制度规范、岗位职责等标识标牌。

图 4-16　现场监控画面

视频监控实行三级管理，增强现场监管力量：一级为公司总部，二级为各标段项目部，三级为各施工工区。监控中心的管理要求为：安排专人 24 小时值班盯控；发现问题立即通报；定期对系统、人员值班情况进行通报。

4.2.3.7　现场围蔽、围挡标准化

施工工地四周设置全封闭围挡，围挡高度为 2.2~2.5 m；施工、办公、生活区域应设置平整、稳固、耐用的围挡；施工现场与办公、生活区应由围挡划分并设置门禁，严禁无关人员进入施工现场。

根据施工场地内各功能区划分，对于"五临边"区域强制设立固定式围护。临边围护根据实际情况采用埋设固定或斜撑固定。埋设固定时，应根据土质情况确定埋深，必要时采取加固措施。围栏采用网片式或脚手架管以扣件、焊接的方式组装，亦可购置符合要求的围栏直接组装。针对深基坑临

边防护，要求施工现场设置两道围护（见图4-17）。

图4-17　工区钢结构围挡

4.2.3.8　休息区标准化

在主要施工场所设置休息室，方便施工人员休息，同时远离起重作业区和有交通安全风险的位置。休息室内部配置桌椅、饮水设备、烟灰缸、垃圾箱、灭火器等物品；设置安全生产知识宣传栏、安全操作规程、安全小常识等。休息室（见图4-18）结构部位采用钢制，并刷漆。

图4-18　施工场所休息室

4.2.3.9　办公生活区标准化

办公室、宿舍宜采用活动板房，风格、颜色应统一。办公生活区采用绿篱隔离，集中布置、整齐摆放。集中区域封闭管理、临时设施布局合理、功能齐全、场地硬化、排水畅通，区域内进行绿化，消防设施（消火栓、灭火器、防毒面具、应急灯、逃生疏散图、风向标等）布置符合要求（见图 4-19）。板房应设置防雷、防台风措施，板房材料应使用 A 级防火材料。

图 4-19　办公生活区

4.2.3.10　标志标识

安全警示牌必须符合《安全标志及其使用导则》（GB 2894—2008）要求，分为禁止标志、警告标志、指令标志、提示标志四个类别，融入项目法人与参建单位的标识 logo 与名称（见图 4-20）。

对现场起重吊装、车辆行驶等危险区域设置安全色与安全警示线（见图 4-21），警示作业人员非必要不要进入危险区域。

图 4-20　安全警示标志牌　　　　图 4-21　安全色与安全警示线

4.3　合同中增设安全专篇

珠江三角洲水资源配置工程线长、点多、面广，包含 16 个施工、安装标段，6 个施工监理标段。为保障参建单位中标后将珠江三角洲水资源配置工程列入各自的重点项目进行管理，尤其是安全及文明施工管理方面不仅要加大安全投入，更要与项目法人思想统一、步调一致，实现项目法人安全控制目标。项目法人用文化理念统一思想，用标准化体系统一语言，用合同措施保障安全控制体系完善运行。

项目法人在施工招标文件设置安全专篇，评标分值占 10%。投标人在投标文件"技术部分"单独编写安全文明施工管理专篇，主要内容是安全管理整体规划、关键管理举措、安全管理信息化措施及安全标准化达标措施（见图 4-22）。

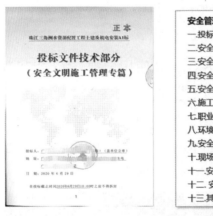

图 4-22　投标文件安全文明施工管理专篇

4.3.1　组织机构

承包人必须成立项目安全生产领导小组、文明施工领导小组，设置安全生产管理部门，配备专职安全管理人员。项目安全生产领导小组必须每季度召开一次会议，并形成会议纪要。

4.3.2　安全投入

第一次支付预付款时，单独支付安全生产措施费总价的 30% 作为安全生产措施费首付款，专款专用。承包人必须编制整体工程的安全文明施工措施费使用计划和费用申请计划（按照第一年 30%、第二年至第四年各 20%、第五年 10% 编制），并在申请第一次预付款时报送监理人和发包人审批。

4.3.3 安全审查表

主体工程开工前，承包人必须具备现场安全生产基本条件，自查合格后，向监理人提交"主体工程开工安全生产条件审核表"，经监理人和发包人审批同意后方能正式开工。

4.3.4 标准化图册

按照发包人《珠江三角洲水资源配置工程安全生产标准化图册》完成现场主体工程施工阶段安全文明施工设计。

4.3.5 安全教育

承包人必须利用一站式或其他系统完成人员三级安全教育等安全培训，功能包括录入身份证或指纹信息、建立个人培训档案记录、播放培训视频、现场完成安全培训、现场考核或考试等。

4.3.6 安全信息化（一站式）

承包人必须按照发包人要求，匹配搭建发包人牵头的一站式安全管理信息系统；按照投标承诺和发包人要求落实各项安全信息化措施，建立监控值班制度，配备相关专业人员；按照发包人要求使用第三方安全隐患排查系统和安全培训系统，及时更新数据，加强隐患排查和安全培训的基础工作，完善登记和核查工作。

4.3.7 各个具体部位的具体要求

加强现场出入基坑和隧道人员的监控管理；严控隧洞内、基坑内、盾构土仓内等危险部位的作业人数；进出受限空间的作业人员都应在登记簿上签字；作业完毕后，开展现场安全检查，检查合格后工作人员方可离开作业现场。

4.3.8 安全考核及应用

将连续 3 个月的月度考核平均分作为季度考核评分。在季度考核评比中排名最后三名的承包人必须对安全文明管理情况提交专题整改报告，每年累计达到 3 次的承包人项目领导小组组长或法人代表，必须到现场汇报安全管理整改方案，并组织落实安全整改措施。在季度考核评比中，连续两个季度排名均为前三名的承包人，发包人拟授予"安全文明单位"，颁发流动红旗或奖状。

4.4　规范施工现场人员行为

项目法人树立新时代的安全生产观，以目标为导向，以人为本，建设伊始就构建了"安全控制体系"，在教育培训、现场管理、风险管控、隐患排查、应急管理、事故管理、考核改进等核心业务方面制定了具体的措施并付诸实践。随着工程建设的推进，结合参建单位实际情况、工程建设实践和类似工程经验，逐步完善并形成了独具特色的安全管理措施，包括配强安全管理人员、区分安全管理人员、网格化管理、"8 小时"外检查、新进场人员管理、开好班前会、班组管理、安全考核。这些措施是"安全控制体系"举措的补充和完善，既独立发挥作用，又和其他举措相辅相成，构成了完善的安全措施体系，保障了工程建设的安全高效。

4.4.1　强化项目法人主导责任，配置足够的安全管理人员

珠江三角洲水资源配置工程主要为地下工程，较地上工程安全隐患呈几何级数增加，安全风险查找、研判、预警、防范、处置等管控难度提高，安全责任重大。施工高峰期，16 个施工标段包括 52 个工区，高峰期施工人员约 1.5 万人，其中高峰期地下施工人员多达 5 000 人，危险作业多、工期紧张、工序转换快、人员流动频繁，安全生产及管控压力巨大。

项目法人承担主导责任，配置足够的安全管理人员，建设期间 1/4 项目法人担任安全岗。研判工作面风险，实施安全管理全面覆盖，要求各参建单位增配安全人员，约为合同的 2 倍，增加的安全人员变更按照市场价格支付处理。压实参建单位安全生产责任，增强现场安全监管力量，专职安全人员必须持政府颁发的安全资格证，兼职人员必须持安全员培训合格证。

4.4.2　安全监管全时段覆盖，杜绝监管盲区

针对上下班途中、午休、夜间、周末、节假日等"8 小时"外时间，施工现场管理极易出现人员违章、监管薄弱的情况；"8 小时"外现场出现安全隐患未能及时排除，同时夜间施工存在视野受限、人员精神状态不佳等叠加安全风险。维持"8 小时"外安全监管力度，项目法人及参建单位配置安全人员不仅要考虑全面覆盖，还要考虑全时段覆盖。

管理人员上班前检查班前会安全交底及宣贯情况，监理、施工单位管理人员到岗监督班前会开展情况。午休时段和夜间检查安全生产条件落实情况及班后落实"工完、料尽、场清、断电、关闸"等安全收尾工作落实情况。周末和节假日检查参建单位各方对施工现场的监管情况，检查节假日危险作业提级管理落实情况。保证做到"只要有人干活，就一定有安全人员在场"。

项目法人开展"8 小时"外"四不两直"检查，加强安全控制体系的评估，有效落实了安全控制措施，及时纠正了安全偏差，使安全监管全覆盖、无死角。自 2023 年 2 月实施"8 小时"外检查以来，8 小时外未发生安全应急事件，安全生产形势整体可控。

4.4.3　动态调整三方安全管理人员

项目法人根据施工现场内容和安全风险变化，每周组织监理、施工单位研讨风险查找、研判、预警、防范、处置机制，及时调整工区和网格划分，动态调整项目法人、监理单位和施工单位安全管理人员。既确保各类施工作业风险有人监管，又能保证安全管理人员监管范围科学适度，确保作业面有施工就有安全管理人员现场监管。

4.4.4　安全培训、教育等贯穿至一线作业人员

设置作业人员安全进场门槛，所有作业人员强制完成准入培训和安全体验馆培训。作业人员入场前，需进行在线视频准入培训，再经过安全体验馆培训，方可录入信息刷脸进场施工。

在班组每日施工建设之前，施工班组开好班前会议，要求个人防护用品穿戴整齐，工人面貌严肃认真。班前会要求施工安全员和班组长风险分析全面、安全措施讲解到位；要求监理安全人员参加并监督指导。班前会议活动视频记录及时上传安全管理系统，项目法人每天抽查，通报问题。

4.4.5　四方每周研判安全风险，研究确定风险控制措施

充分发挥周例会作用，制定监理周例会标准化工作指引。周例会必须研究安全事宜，查找、研判、预警、防范、处置安全风险，明确安全责任。设计单位对上周现场风险进行分析反思，对下周风险作提示预警（不少于 15

分钟），项目法人、设计单位、监理单位、施工单位四方结合下周施工作业内容，研究作业面划分，确定作业面数量，完善下周监理、施工安全管理网格图，明确责任人，确定巡视频次，评估监理、施工单位安全管理人员是否满足现场安全管理要求。

4.4.6　风险源分类分级动态管控

聘请第三方开展全周期的危险源辨识与风险评价，组织公司内部专家评审，发布相关报告。对重大危险源施工，开展施工、监理、行业专家三级评审施工方案，查找具体风险，制定措施。每月施工单位结合施工计划动态辨识本月重大危险源，每周参建四方周例会研判下周风险，每天各工区公示当天风险及管控情况。

4.4.7　严控安全措施条件审查

承包人必须在具备现场安全生产基本条件后，主体工程方能开工。承包人现场安全生产基本条件自查合格后，向监理人提交"主体工程开工安全生产条件审核表"，经监理人和发包人审批同意后方能正式开工。

盾构始发、盾构开仓换刀等危大工程开工前，由监理单位组织项目法人、设计单位、施工单位、安全监测单位对危大工程技术、环境、人员、设备等安全生产相关条件逐一检查验收。施工单位准备工作完成，满足施工各项条件要求，通过验收后可进行后续施工。

春节后复工复产是安全风险高发期。一是节后施工人员难以立即进入工作状态，安全意识降低；二是新进场作业人员多，违规违章风险高；三是施工设备停工期间缺少维修保养可能出现安全附件损坏或故障，存在"带病"运行风险；四是节后容易出现管理人员流失，安全措施容易跟踪落实不到位，安全管理力量短时出现薄弱档期。开展节后复工安全生产条件检查和验收，不合格禁止复工。

4.4.8　持续高压落实安全检查及整改

项目法人各管理部组织监理、施工单位，按照作业的空间、时间安排，将工程全线 52 个工区划分为 71 个网格，白班、夜班分别明确对应的班组长（丙方）、施工员（乙方）、现场监理（甲方委托）责任人员，分别戴红袖章在现场进行监管。在各施工作业面出入口设置网格化信息牌，结合门禁系统查询网格化人员现场履职情况，增强网格化责任人员现场履职意识，将安全责任压实到一线，确保有作业就有管理人员在岗监管。实施过程中，每个月对网格化人员履职情况进行评估考核，分别计入参建单位考核中。网格化管理夯实了一线安全管理基础，规范了作业人员安全行为。2023年推行网格化管理以来，人员不安全行为类隐患相比2022年大幅下降34%。

项目法人坚持"不换思想就换人、不担当就挪位、不作为就撤职"思想，严肃安全考核。在安全处罚方面，针对人员履职不到位，撤换相关标段管理团队，更换5名总监理工程师、8名项目经理、15名安全总监；全线班组长每月评估考核，累计清退18名班组长、5个施工班组、74名违规作业人员。在安全奖励方面，全线表彰5名优秀安全总监、54名优秀安全管理人员；全线各单位累计提拔24名安全管理人员；每月对获评先进工区和进步工区的监理和施工单位共发放安全考核金492.3万元。

4.5 利用智慧化手段监管施工安全

按照安全生产标准化图册和合同要求，承包人应建立覆盖现场重要位置的视频监控系统。位置包括工区大门、材料堆场、生活区、办公区、塔吊/龙门吊、高空作业设备、盾构机、深基坑等关键危险区和全局区等。根据监控需要采用球机摄像头或枪机摄像头。视频监控信息传入各施工标段智慧工地办公室，并接入项目法人的智慧监控系统。

项目法人利用视频监控系统实施安全行为识别和违章抓拍，实行三级管理。第一级是项目法人总部，项目法人总部中控室有专人 24 小时值班，随时监控各施工现场，发现安全隐患、风险行为，通过音频喊话通知现场，同时实施安全抓拍，将抓拍图像传给相应责任人并存档。第二级是各标段项目部，施工标段智慧工地分控中心，同样设专人 24 小时值班，随时抓拍、喊话。第三级是各施工工区，各工区设有本工区摄像头的控制电脑，各工区安排专人 24 小时值班盯控。各级监控发现问题，按照流程处理，立即通报。

建管人员、监理人员、施工人员和相关咨询单位也可将手机、电脑接入系统，辅助各自的安全监管。

对负责安全视频监控人员违反规定，脱岗或发现问题不报告的，按照合同和规定追责。发包人和监理人定期对系统、人员值班情况进行通报。

4.5.1 全面利用视频监管安全

视频监控设置公司总部、各标段项目部和各施工工区三级管理，以增强现场的监管力量（部分监控中心见图 4-23 和图 4-24）。项目法人要求各管理

图 4-23 公司监控中心（一级）

图 4-24 各标段分控中心（二级）

单位安排专人 24 小时值班盯控，发现问题立即报告，并定期对系统、人员值班情况进行通报。施工现场共设置 1 100 余处摄像头，实现施工现场全覆盖视频监控，通过 24 小时视频巡查及自动抓拍（见图 4-25），对现场形成威慑。

图 4-25　视频监控自动抓拍

4.5.2　关键施工设备智慧管控

珠江三角洲水资源配置工程线长、点多、面广，且技术复杂、工期较长、监管难度大，应用云计算、大数据、物联网、人工智能、移动互联等技术，搭建全生命周期智慧系统平台，融合创新、协同共享，为工程建设及运营提供有效支撑。项目法人基于物联网技术实时监测盾构机、龙门吊、升降机等 2 800 台关键设备和特种设备（见图 4-26、图 4-27），异常报警，防止设备带病作业。

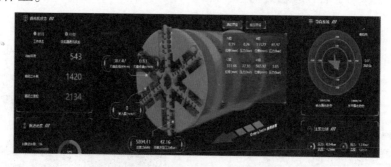

图 4-26　盾构运行状态监控

4.5.3　门禁管理及 UWB 定位手环

工程施工厂区门口设置实名制安全通道，实施门禁管理（见图 4-28），

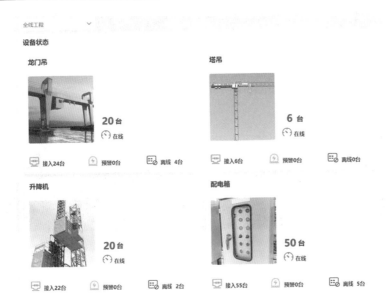

图 4-27　关键设备运行状态监控

实现人员进出管控、重点人员监管和安全履职追溯，实名制管理 7 万余人，单日进出最高峰 1.3 万余人。实时监测人员的定位（见图 4-29）、心率等数据，并实现一键 SOS 呼救功能。

图 4-28　门禁管理

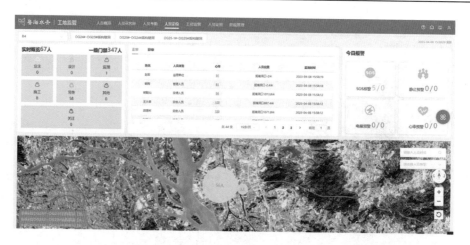

图 4-29 人员定位智慧监管

第 5 章　质量管理创新

质量咨询提供专业化支撑

物联网、智慧化手段管控质量

全面推行首件制

水锤试验验证系统质量

预应力混凝土衬砌 1∶1 原型试验

本章导读

本章旨在探讨如何通过创新机制和方法，提升工程质量管理的效率和效果。

引入质量咨询机制，通过专业机构的介入，提升质量管理的专业化水平，梳理参建各方质量责任清单，针对性地制定质量咨询机构服务方案。

全面推行首件制，总结工艺质量控制参数，制定后续施工标准。

创新开展质量验证，开展满负荷水锤试验，验证机电及水工系统的质量。

利用互联网、物联网技术探讨智慧化手段在质量检测中的应用，确保取样和试验的真实性与准确性，从而提高质量管理的透明度和可追溯性。

实行"禁、砸、罚"，对不合格的原材料、中间产品和工程实体零容忍，对混凝土内衬质量实施"一仓一评价"。

对工程设备制造，采用专家技术支持和多项试验措施确保质量。

5.1　创新引入质量咨询机制

5.1.1　质量咨询机制的探索

水利工程施工质量管理实行施工承包人质量保证、项目法人（建设单位）/监理单位质量控制、政府质量监督。实行建设监理制的项目，项目法人委托专业化的监理单位全过程检查、控制施工质量，但是建设监理制实行以来，整个行业监理单位的专业化并未得到很好体现，施工现场监理检查、控制质量的水平有限。

管理团队经过反复调查研究，在深思熟虑后，决定首先利用标准化的控制体系（五大控制体系）规范监理单位的行为；再借助文化理念宣贯、教育统一监理单位的思想，同时利用严格的考核机制督促监理单位履职尽责。解决好监理单位的履职，再来考虑提升现场监理服务的专业化水平，在水利行业内公开招标选择专业化水平较高的质量咨询机构提供咨询服务。一方面可以为监理单位提供专业化支撑，另一方面可以监督检查施工单位、监理单位的质量管理行为，评估实体工程质量。

质量咨询机构服务内容包括协助完善业主质量管理体系、对参建单位质量体系运行情况进行评估、每季度组织专家开展模拟飞检、组织开展质量管理培训以及协助甲方组织验收工作。工程质量咨询机制如图 5-1 所示。

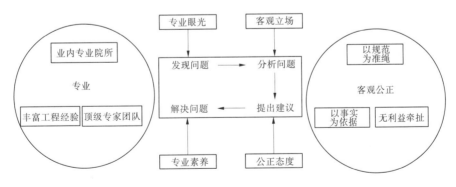

图 5-1　工程质量咨询机制

5.1.2　梳理参建各方质量责任清单

咨询机构进场后，首先根据大型引调水工程的建设经验，结合水利部历次稽查、检查，整理出引调水工程施工中易发生的质量常见病、通病问题。再结合工程的特点和中标的监理单位、施工单位的实际情况，梳理出质量控制的难点和重点。根据《水利工程建设稽查问题清单》《水利工程建设质量与安全生产监督检查办法（试行）》《水利工程合同监督检查办法（试行）》《水利工程质量终身责任管理办法》等文件梳理项目法人、设计、监理、施工单位质量主体责任清单 1 378 条，其中，建设单位 102 条，设计单位 70 条，监理单位 684 条，施工单位 522 条。按照"横向到边、纵向到底，各司其职、各负其责"的原则建立质量管理责任矩阵（见表 5-1）。

针对质量的常见病、通病问题和质量控制的重点、难点，结合质量管理责任矩阵，制定质量咨询机构服务方案。对参建的施工单位、监理单位采取质量咨询方案交底、经常性业务培训、模拟飞检、业务考核等措施，按照计划、执行、检查、处理四个阶段循环提高施工质量。

案例 1：模拟飞检

2021 年第一季度，针对工地质量检测及验收标准的执行情况以及存在的问题，对沿线 16 个标段工地试验室的质量管理体系运转情况进行专项检查。

通过会议交流和现场检查，该专项飞检共发现问题 22 条，并按照责任来源将其分为"设计方面需要完善和明确技术标准（如盾构管片渗透结晶型材料吸水率试验检测参数的检测方法不明确）""现场检测执行困难需要调整（如管片防水材料防霉等级检测建议由厂家提供检测报告，减少或取消现场检测要求）""工程验收方面需补充的指标和标准（如缺少盾构施工壁后注浆浆液性能检测指标）"等 3 大类问题，明确处理建议和责任单位，便于后续责任单位逐项进行整改闭环，有效保证工程材料和实体质量。

表 5-1　质量管理责任矩阵（部分）

质量过程	质量控制项目	施工单位	设计单位	安全监测单位	监理单位	平行检测单位	对比检测单位	全过程质量咨询单位	全过程安全咨询单位	施工期设计监理单位	关键技术咨询单位	项目法人 管理部	项目法人 工程部	项目法人 机电部	项目法人 安全质量部	项目法人 质量委员会
设计质量	施工图纸	①施工图审阅并出具意见	①设计交底	①负责安全监测施工图审阅并出具意见	①施工图审阅并出具意见 ②组织图纸会审	—		①监督质量管理体系的落实	—	①监督强制性条文的落实 ②施工图出图前审查并出具审查报告 ③监督出图初步进度	①负责重要设计质量审查	①施工图审阅并出具意见	①负责土建专业施工图的前置阅并出具意见	①负责机电专业施工图的前置阅并出具意见	①监督施工图的管理程序	
设计质量	变更方案	①出具变更工程预算 ②出具变更初步意见 ③发起本单位变更	①对变更的技术可行性负责	—	①审核变更项目预算 ②审核变更项目程序性	—	—	①抽查变更项目程序合规性	—	①负责审查设计变更一般设计变更的必要性 ②负责审查变更一般方案的安全性、技术可行性 ③负责审查设计变更对重大方案进行初步审核	①审核重大变更设计的必要性 ②负责重大设计方案复核的安全、技术可行性	①初步审核变更并出具意见 ②监督变更执行情况	①负责对变更的方案可行性技术进行评估 ②监督土建专业变更执行	①负责变更的方案可行性技术进行评估 ②监督机电专业变更执行	①监督管质量行为	
材料控制	混凝土拌合物	①负责混凝土配合比设计 ②负责混凝土生产质量 ③按规定频次100%检测	①出具特殊混凝土技术要求 ②按需求查混凝土质量	—	①监督混凝土生产质量 ②旁站监督浇筑 ③对进场材料指定抽检	①按监理要求对进场材料进行取样试验 ②检测数量不小于施工单位自检的3%	①按项目法人要求对进场材料进行取样试验 ②检测数量不按数量小于施工单位自检数量的7%	①按月对现场混凝土质量抽查 ②抽查质控制及质量监督程序	—			①监督施工单位、监理单位的管理行为 ②根据现场情况指定抽检	①监督管质量行为		①监督质量管理行为	①监督质量管理行为

5.2 全面推行首件制

当前，施工企业普遍缺少产业工人，作业工人施工工艺控制水平参差不齐，影响水利工程质量提升。项目法人协同监理单位、施工单位共同制定《珠江三角洲水资源配置工程工艺试验及首件工程样板管理办法》，每个施工标段的每类工艺首件项目，要集思广益，结合专家、有经验的技术管理人员和工人制定详细的首件样板制施工方案，拟定具体的工艺参数。施工单位对首件项目严格按照拟定的方案和工艺参数施工，监理单位严格控制。首件项目完工后，建设单位、监理单位、设计单位和施工单位及时验收，总结、修订首件项目的施工方案和工艺参数，直到满足要求后，将首件施工工艺参数标准化，制定后续施工方案，形成后续同类工程施工样板。首件样板制工艺清单如表5-2所示。

表5-2 首件样板制工艺清单

单位工程	首件工程样板验收项目		验收对象
盾构工作井	围护结构	连续墙（钢筋笼制作）	第一单元
		桩顶冠梁	第一个浇筑段
	主体结构	混凝土防水	第一个浇筑段
		侧墙混凝土浇筑	第一个浇筑段
区间隧洞	管片生产制作	管片生产	第一单元
	掘进与拼装	盾构（TBM）掘进与拼装	第一单元
	内衬	钢管内衬施工	第一个施工段
		预应力混凝土浇筑	第一个浇筑段
		自密实混凝土浇筑	第一个浇筑段
	钻爆发	初支	第一单元
		二衬	第一单元
泵站	支护	连续墙（钢筋笼制作）	第一单元
		桩顶冠梁	第一个浇筑段
	主体结构	混凝土防水	第一个浇筑段
		底板混凝土	第一个浇筑段
		清水混凝土	第一个浇筑段
水库	开挖与支护	土石方开挖与支护	第一单元
	防渗	防渗膜	第一单元

案例 2：首仓预应力混凝土内衬施工

各相关标段制定预应力混凝土内衬施工方案，明确预应力混凝土内衬施工重点控制工艺参数，包括钢绞线定位偏差、止水铜片位置与焊接、浇筑仓口布设、混凝土坍落度、振捣方式、振捣设备、振捣时间、预应力张拉力和伸长值等。施工单位按照施工方案组织首件制施工，施工技术人员、质量管理人员和监理人员全过程旁站监督，严控施工方案的落实。施工完成后，监理单位组织项目法人、设计、施工四方联合检查验收，发现问题，及时总结、纠偏，再重新实施首件制工序施工，直到工序联合验收满足要求后，召开预应力混凝土内衬施工工序的首件制总结会，形成预应力混凝土内衬施工首件制经验总结报告和施工工艺手册，指导后续施工作业。

案例 3：首节内衬钢管施工

内衬钢管施工有两道关键工序：内衬钢管安装和防腐补口。

内衬钢管安装工序的首件制需要形成稳定的工艺参数，包括坡口宽度、焊材种类、焊接位置与方法、焊接电流、焊缝余高；防腐补口的首件制需要形成稳定的工艺参数，包括基面粗糙度、灰尘度、湿度、涂层厚度和附着力等。每道工序完成后，由监理单位组织联合检查验收，发现问题，及时总结、纠偏，再重新实施首件制工序施工，直到工序联合验收满足要求后，召开该工序的首件制总结会，形成内衬钢管安装工序和防腐补口工序的稳定工艺参数，指导后续施工作业。

5.3　创新开展质量验证

工程质量如何得到有效验证？满负荷水锤试验是检验系统可靠性的最好方式，但全国无先例，如果质量不过关，很可能造成工程严重损坏，极大地影响工程通水和效益的发挥，是否要开展水锤试验，成为摆在管理团队面前的第一道难题。为科学决策，管理团队组织设计单位并邀请行业专家对水锤试验的利弊、风险和技术可行性进行了深入研讨，基于工程前期开展的水力过渡过程仿真模拟分析的科研项目成果，以及对工程质量的信心和不留隐患的决心，最终决定在工程全线开展水锤试验。

由于没有先例，如何开展水锤试验真正考验全体建设者的智慧。为了确保水锤试验的安全，管理团队靠前指挥、周密部署，邀请设计单位、水力过渡过程研究单位和业内专家团队对水锤试验方案进行了反复研讨，提出了"安全第一，风险可控，仿真先行，逐步递增"的试验总原则。在整个试验过程中，专家团队驻点试验现场，边算边做边优化。

（1）模型修正：在试验前根据实测的工程边界条件进行数值计算，利用实测数据修正过渡过程仿真模型的系统特性参数和边界参数。

（2）仿真计算与试验：进行单台泵组意外断电停机的仿真和试验，采集重点信号，确认计算结果与试验的实测数据是否基本吻合，如吻合继续下一步，如出现偏差需组织分析原因。

（3）模型再修正：在上次试验的基础上，继续修正模型参数，通过数值仿真预测下次试验情况并现场开会讨论，确保每次试验均有理论预测和数据支撑。

（4）递增试验：依次增加停机台数，直至满负荷停机，比较计算结果与试验实测数据是否吻合。

为了建立准确的水力边界，在相同的条件下对比仿真计算结果与试验测试数据，需要测试和采集关键信号。在建设过程中已在泵站水泵机组、阀门、调压塔及管道的关键节点位置布置了信号传感器。通过自动化系统，计算机监控系统可实时提取关键信号，主要重点信号包括前池水位、末端水库水位、水泵进出口压力、水泵转速、水泵流量、出口工作阀阀位、出口检修阀阀位、高位水池/调压塔水位等。

高新沙泵站水锤试验，其压力信号和仿真结果中调压塔的水位变化两者趋势基本一致，仿真和实测得到的调压塔最大、最小涌浪和变化周期基本吻合。高新沙泵站 2~5 号 4 台机组事故停机时调压塔水位变化如图 5-2 所示。

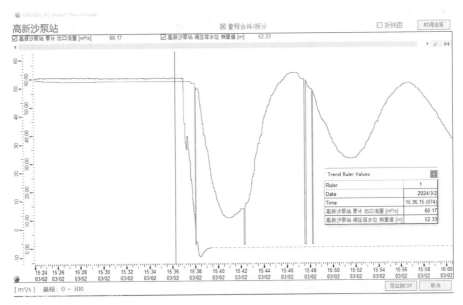

图 5-2　高新沙泵站 2~5 号 4 台机组事故停机时调压塔水位变化（实测蓝线）

5.4　智慧化手段全过程监控质量检测

项目法人组织搭建了"施工自检、监理平行检、建设单位对比检"合一的质量检测信息管理系统，将施工自检、监理平行检测、项目法人对比检测纳入统一监管，采用样品唯一性标识（RFID 芯片、二维码）、GPS 定位、上传取样照片、试验室视频监控、力学自动采集、报告自动上传等手段，实现对取样、送样、试验、数据生成及见证的全过程实时监管（见图 5-3）。取样时在确保取样人员和见证人员基本资格基础上，通过二维码形式对样品进行唯一性标识，对关系结构安全的混凝土试件植入芯片，确保样品在流转过程中不被调换，确保取样的代表性。各工地试验室建立视频监控系统，利用互联网技术，可通过网络实时视频监督检测过程或事后查看视频录像，加强对试验室和检测人员监管，对试验室开展的试验检测工作，在试验结束后即可根据检测员指令自动生成电子版检测报告，经试验室主任复核后即可上传系统，确保试验报告真实、准确。

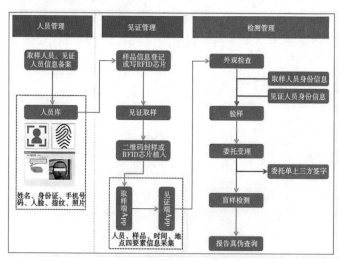

图 5-3　质量检测见证管理

5.4.1　样品的代表性和试验数据的真实性

水利工程的质量特性检测大多是破坏性检测，只能采取抽样检验，抽样检验必须确保样本（品）的代表性。因此，样品取样、送样环节要严格控制，防错、防假。珠江三角洲水资源配置工程的做法是：严格落实 3 个

"100%"，即"100%现场取样、100%监理见证、100%现场封装"，每次取样均上传取样照片并配合 GPS 定位，确保样品来自工程现场，保证样品的代表性。

试验数据必须确保真实、准确。所有的试验室均安装了无死角的全时视频监控系统，实时监控检测、计算、数据上传过程。对钢筋、混凝土试件等力学试验检测通过物联网技术自动采集数据，系统自动分析、总结试验成果，避免人为记录、计算、上传的误操作或数据篡改，保证试验检测结果的真实性。

5.4.2　行业内率先应用电子签章

水利工程建设涉及的工序、单元工程质量评定验收，需要施工单位自检（"三检制"）签字盖章、监理单位认证签字盖章，有的还需要建设单位、质量监督部门签字盖章，文档多、签字人员多、归档要求严格。应用电子签章可以提高效率、节约成本。经过项目法人申请、水利部核准，将珠江三角洲水资源配置工程作为水利行业内电子签章应用试点项目，率先在工程管理中应用数字档案。

将 175 类单元 510 种工序共计 685 张验评表单导入在线验评系统，相关单位利用项目法人核备的电子签章签字盖章，实现验评资料自动归集和一键归档（见图 5-4），有效解决了传统档案繁杂、不便查询、难以归档的问题，节约用纸约 1 300 万张。

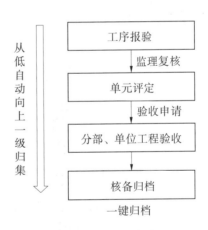

图 5-4　数字档案应用

案例 4：混凝土试件取样、送样、检测全过程监控

在混凝土试件取样过程中，监理现场见证并上传带有定位信息的照片，确保现场真实取样，同时对未定型的混凝土试件表面插入唯一性 RFID 芯片，避免过程中样品被调包替换，如图 5-5～图 5-10 所示。

图 5-5　GPS 定位

图 5-6　监理见证

图 5-7　RFID 芯片唯一性标识

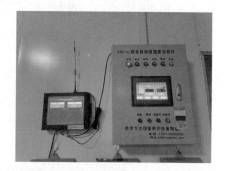

图 5-8　养护温湿度自动监测

图 5-9　检测过程视频监控

案例 5：利用物联网技术控制预应力张拉

针对全线预应力 3 134 仓，钢绞线 72 082 束，要求各施工单位必须配备智能张拉设备，通过设置张拉程序实现自动智能张拉（见图 5-11）。现场洞内布设 4G 通信远端机网络信号装置，利用光纤及移动网络和手机热点信号实现数据传输。

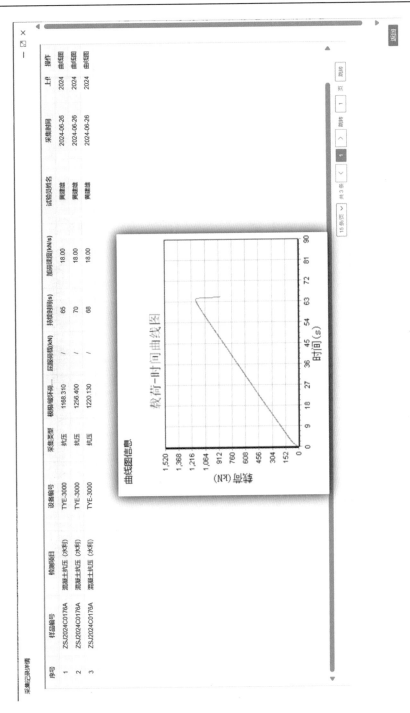

图5-10　力学数据自动采集

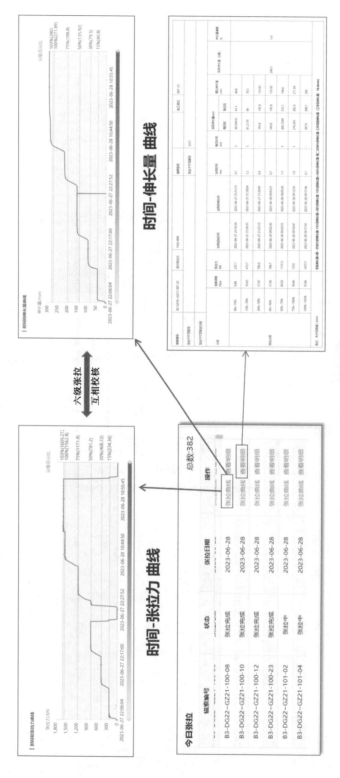

图5-11 利用物联网技术实时监测预应力张拉情况

　　将现场监测设备接入监管系统，实现施工过程中数据的采集、分析及预警。通过设备系统采集张拉相关参数，并实时上传预应力监管系统。直接显示当前所施加的张拉力值和钢绞线的实时伸长量，解决了仪表读数误差大及钢绞线伸长量人为测量误差的问题，给施工人员及现场的监理、技术人员等提供更直接、更精确的实时数据，并对相关数据进行分析，帮助其更直观准确地做出判断。

5.5 禁、砸、罚

受各种因素影响，工程建设过程中难免会出现不合格的原材料、中间产品乃至工程实体，其背后深层次原因主要是参建单位的失职失责。"要打造精品工程、百年工程，绝不是轻轻松松，敲锣打鼓就能实现的，而是要不断践行'精益求精、追求卓越'的理念，只有'敢想、敢干、敢动真格'才能有效保证工程质量"，这是珠三角工程质量管理的统一信念。珠三角工程始终坚持质量至上的理念，直面矛盾，以"禁、砸、罚"的雷霆手段压实各参建单位质量责任，落实质量终身责任制。

"禁"即禁用不合格材料及供应商，自开工以来累计禁用不合格的水泥、钢筋、砂石骨料等原材料/中间产品 435 批次，将 9 家不合格供应商纳入工程"黑名单"；"砸"即将不符合规范要求的模板、已浇筑混凝土砸掉重来等，累计砸掉严重影响外观的模板 7 批次，凿除低强桩基础、严重蜂窝孔洞内衬混凝土等 6 仓；"罚"即对失职失责的质量违规行为进行违约处罚，基于签订的合同违约条款，对施工单位、监理单位技术质量人员现场履职、实体质量管控不到位等质量违规行为累计处罚 376.8 万元，通报项目经理、技术负责人、质量负责人、监理工程师等主要管理人员 76 人次，清退技术、质量负责人等 16 人。

"禁、砸、罚"不是整人，而是全员质量教育，绝不能夹杂个人情感。发生质量问题并不可怕，关键在于项目法人对质量的态度，对质量问题"零容忍"，教育全体参建人员提升参建单位的质量意识，使质量体系有效运转，保证工程实体质量。

项目法人要坚持对质量问题"零容忍"，在整改问题的同时，警示教育全体参建人员，增强参建单位的质量意识，使质量体系有效运转，保证工程实体质量。

案例 6："禁"不合格材料

2021 年 8 月，项目法人组织对比检测、平行检测对工程全线盾构管片防水材料进行了专项抽检，发现部分厂家生产的三元乙丙橡胶密封垫、遇水膨胀胶条等防水材料检测结果均不合格。立即要求对相关批次防水材料进行了封存，同时基于厂家资质审核调查，发现涉及厂家产品质量极不稳定，存在重大质量隐患，将上述厂家纳入供应商黑名单，在工程全线禁用该厂家生产的防水材料。

案例 7："砸"不合格灌注桩

2021 年 4 月，平检、对比检测对某标段施工的临时围封灌注桩 28 天抗压强度检测结果均不合格，强度值介于 24.7 ~ 28.3 MPa，小于设计要求的 30 MPa。经调查，直接原因是混凝土生产过程中擅自增加拌和用水量，改变混凝土配合比，导致混凝土强度低。事件发生后，项目法人组织约谈施工单位领导小组成员、项目部班子成员，深入剖析原因，并制定整改措施，要求对现场检测强度不合格的 13 根桩基予以清除并重新浇筑，对其他批次灌注桩进行扩大检测。同时，发文对该事件在工程全线进行通报，清退在本事件中严重失职的施工自检工地试验室，并追究施工单位项目经理、质量负责人及监理单位总监、监理工程师等相关管理人员责任。2021 年 5 月，对重新浇筑的桩基础进行了检测复核，结果满足设计要求。

案例 8：罚质量失职行为

2022 年 3 月，某标段在盾构机出洞时发生涌水，施工单位注浆封堵时现场未按照方案控制注浆压力，监理工程师未进行旁站监督，导致出口段管片错台、破损。在知悉该情况后，项目法人总经理第一时间赶去现场实体查勘，并组织召开专题会议，要求对该问题进行全面调查，由施工单位组织后方总部专家制定整改方案并报设计复核。经过细致调查，4 月 15 日，项目法人组织召开了第一季度质量领导小组会议暨质量专题会，对该标段盾构出洞质量问题进行了全线通报。同时，严格按照合同对该标段、监理单位进行违约处罚，并要求责任单位对监理标段现场监理工程师和工程负责人等直接责任人员以及施工项目负责人、技术负责人、总监理工程师等管理人员等相关责任人员进行内部处罚，通过红头文件将内部处罚情况报项目法人备案。

5.6　专家技术支持和多项试验措施确保设备制造质量

工程运行设备质量指设备的各方面指标和要求，包括设备功能范围、性能指标、制造安装质量、可维修性、安全性和可靠性。项目法人通过关键技术咨询、专项科研攻关、先进企业调研交流、召开设计联络会、设备监造、出厂真机试验、安装督导、性能验收等多重措施，验证技术难点、优化设备选型，确保制造及安装质量。

5.6.1　关键技术咨询

在设备选型与设计初期，项目法人积极寻求行业内外顶尖专家的技术支持与咨询，通过组织专家论证会、技术研讨会等形式，针对设备的关键技术参数、功能实现路径、潜在技术难题等进行深入讨论与分析，旨在从源头上确保设备的技术先进性与实用性，为后续的设备选型与优化奠定坚实基础。项目法人开展的关键技术咨询如表 5-3 所示。

表 5-3　关键技术咨询内容

咨询项目	主要咨询内容
初步设计关键技术咨询	各泵站机组选型
	接入电力系统方式、电气主接线、主要电力设备、过电压保护及接地、电气二次通信、自动化、电气设备布置等
招标阶段机电设备招标技术文件咨询	水泵、电机等重要机电设备招标设计文件咨询
	金属结构设备招标设计文件咨询
	高压配电装置、自动化控制系统等主要电气设备招标设计文件咨询
施工阶段机电专业咨询	水力机械： ①泵型机组研发专题研究技术成果咨询； ②CFD 流道数值分析计算与水泵模型试验成果咨询； ③泵站水力过渡过程计算成果咨询以及停泵断流方式设计咨询
	电气设计： ①供配电方案咨询； ②全线自动化调度系统设计方案咨询； ③通信系统组网方案与光缆敷设方式优化咨询； ④电气自动化系统总体架构优化、总体集成方案咨询

续表 5-3

咨询项目	主要咨询内容
施工阶段机电专业咨询	金属结构： ①全线控制闸门布置方案咨询； ②金属结构施工安装及关键技术咨询； ③主设备等关键技术和重大问题咨询

5.6.2　专项科研攻关

针对设备研发与制造过程中遇到的具体技术难题，项目法人组织科研团队开展专项科研攻关。通过理论研究、模拟仿真、实验室试验等手段，逐一突破技术瓶颈，优化设计方案，提升设备性能。专项科研攻关不仅解决了技术难题，还促进了技术创新与成果转化，为设备的高质量制造提供了有力支撑。项目法人开展的科研和试验如表 5-4 所示。

表 5-4　科研试验保证设备制造质量

设备采购相关科研和试验	主要应用
三大泵站主水泵模型试验	确定水泵性能保证值等主要考核参数
电动机推力轴承选型及模型试验研究	优选出最优的轴承结构
大流量、大范围调速离心泵水力模型研发	优化鲤鱼洲主水泵叶轮设计，实现无驼峰
地下深埋长距离输水管道检修期通风系统性能研究	优化通风方案，指导风机选型和采购
复杂运行条件下大口径蝶阀的关键技术研究与应用	指导阀门设计和生产，优化阀门结构

案例 9：主水泵水力模型研发

水泵模型的水力研发工作整体上分为两个阶段，第一阶段是项目投标前的初步水力模型研发设计阶段，通过流体力学计算、优化水泵转轮设计，保证水泵水力模型在试验时各项性能指标满足设计值要求；第二阶段是在第一阶段研究成果的基础上，进一步提高水泵的水力性能指标，特别是变频运行（水泵在不同转速下的运行）能力，为工程设计优化、泵站的安全稳定运行提供有力技术保障。宽扬程大流量水泵整体仿真分析见图 5-12。

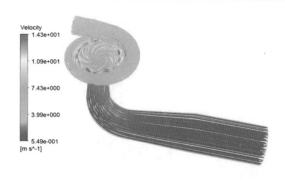

图 5-12　宽扬程大流量水泵整体仿真分析

案例 10：大流量离心泵大范围调速运行分析及对策研究

项目法人通过开展"大流量离心泵大范围调速运行分析及对策研究"课题，就大幅度变速对泵站安全性能的影响及对策、大幅度变速对供水可靠性的影响及对策、大幅度变速对水泵性能的影响与对策、大幅度变速水泵叶轮内部流动特性等内容进行了深入研究。研究成果应用于泵站运行，以鲤鱼洲泵站为例，水泵机组可输送的水量为 $20\sim80$ m³/s，提升的扬程为 $10.7\sim48$ m，对应变化的转速为 $125\sim262.5$ r/min，消耗电能功率为 $747\sim9\,000$ kW。在大幅节约电能的同时，亦满足了水泵高效、稳定、低噪、安全的要求。

5.6.3　设备监造

设备制造阶段，项目法人委托专业单位实施制造监理，对设备的原材料采购、生产加工、组装调试、出厂验收、包装发运等全过程进行严格监督。监造人员依据合同约定的技术规范与质量标准，对关键工序进行见证与检验，确保设备制造过程符合设计要求与质量标准。这一措施有效提升了设备的制造质量，降低了因制造缺陷导致的质量风险。

工程三大泵站主水泵、电动机、液控蝶阀、起重机、清污机、液压启闭机、闸门等设备采购项目采用驻厂监理模式，变频器、110 kV 主变、GIS 等设备采用巡检监理模式。工程累计完成 1 800 余套设备监造，均满足设计、规范要求，有效实现了设备制造阶段的质量管理目标。

5.6.4　出厂真机试验

设备制造完成后，均需经过严格的出厂试验，检验设备制造质量，确保设备能够满足出厂要求，试验内容涵盖设备的各项性能指标、功能实现情况、稳定性与可靠性等。对于可模拟实际运行工况的设备，设备厂家应按合同要求对设备进行真机全性能测试试验。这一措施是检验设备制造质量的关键环节，也是确保设备能够满足工程运行要求的重要依据。

案例 11：罗田泵站主水泵出厂真机性能试验

根据罗田泵站主水泵合同要求，每台水泵要在工厂进行真机性能试验。在设备出厂前邀请项目法人、设计单位、监造单位、电动机厂家及邀请的专家等相关单位和人员见证了水泵效率试验、流量试验、零流量扬程试验、水泵输入功率试验、振动与噪声测量、效率定差压流量关系曲线等真机性能试验，确保水泵性能满足合同要求。

5.6.5 性能验收

设备安装调试完成后，根据现场实际情况，验证设备性能是否达到和满足合同要求的性能保证值，试验内容包括设备的性能指标测试、安全性与稳定性评估等。这一措施确保设备在实际运行中能够达到预期效果，为工程的稳定运行提供保障。

第 6 章　进度管理创新

高位推动审批、征拆
智慧化手段实时管控进度
协同施工单位总部资源
每周工效及关键工期分析

公明水库交水点

本章导读

　　本章重点探讨珠江三角洲水资源配置工程在进度管理方面的创新实践。通过高层次系统谋划、分阶段推进征地、合理划分施工标段、动态分析关键线路等多种方法，确保工程建设有序推进。各节内容涵盖了从征地管理、施工组织到智慧监管等多个方面，旨在提升工程效率和质量。

　　协调各方力量，高层次谋划推动工程项目审批、移民征迁。

　　创新征地管理方法，采用"围、清、进"的策略，压茬推进。

　　利用智慧平台，动态跟踪工程关键线路，科学分析优化工效。

　　分析如何调动参建单位总部资源，发挥参建单位总部领导小组和专家组的作用。

　　通过科研助推工程建设，不断优化施工组织，确保关键节点、里程碑工期。

6.1　工程审批和征地

工程前期审批事项多、征地范围涉及区域广、外部协调难度大，广东省政府成立专班，推动项目建设管理从"串联"向"并联"转变，支持和帮扶工程建设中的审批及征地事项，协调解决项目建设中存在的问题。

在前期审批方面，协调加快各项审批程序，自 2018 年 8 月工程可行性研究获批，至 2019 年 2 月初步设计获批，用时仅 6 个月。在征地方面，广东省政府发布征地补偿和移民安置管理办法，解决了工程沿线 4 市 5 区 17 镇（街道）征地及移民安置问题。在工程建设方面，协调供电及消防验收管理部门，顺利完成永久用电接入，加快机组调试，为通水提供保障。在验收方面，明确验收程序及要素，协调受水三市边界条件，为通水验收提供了保障。

案例 1：征地管理办法获广东省政府批准

工程沿线建设征地和移民安置工作范围涉及广州、深圳、佛山、东莞等 4 市 5 区 17 镇（街道），按照"政府领导、分级负责、县为基础、项目法人参与"的移民安置管理体制，有必要制定统一的工程征地移民工作管理制度，以保障工程项目法人、工程沿线各级政府及有关参加建设管理的单位有章可循，协调实施征地移民工作。项目法人积极推进，获得广东省政府和水利厅支持，经省政府同意，水利厅颁布了工程《征地移民管理办法》，确保工程征地移民工作合法合规。

6.2　创新征地管理方法，分阶段压茬推进征地

工程建设用地共 48 宗，涉及沿线 4 市 5 区 17 镇（街道）。项目征地跨度大，布局分散，建设前的工作尤为重要，尤其是征地速度。将"施工围蔽、附着物清表、设备进场"作为监测评估征地进度的主要特征，结合 720°全景航拍，全面监测征地速度，及时调整征地策略。珠江三角洲水资源配置工程分阶段压茬推进征地示意图如图 6-1 所示。

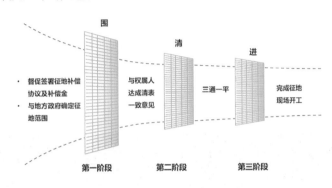

图 6-1　分阶段压茬推进征地

6.2.1　围

协调权属人同意，编制征地协议模板，督促地方政府与权属人签署征地协议并兑付补偿资金，引导施工单位到现场对用地红线范围进行施工围蔽。此为征地第一阶段，表明已与地方政府确认征地范围。

6.2.2　清

督促评估单位核定地上附着物及青苗数量，协调权属人签字；编制勘测定界材料，同步开展用地报批工作；指导施工单位开展"三通一平"施工，清除地上附着物及青苗。此为征地第二阶段，表明已与权属人达成一致。

6.2.3　进

用地红线范围完成施工平整后，协调项目法人工程部、管理部，下令施工设备进场开展施工。此为征地第三阶段，表明完成收地征地工作，进入施工阶段。

6.3　全过程利用智慧平台分析管控施工进度

项目法人全面推进 PMIS 应用，利用智慧手段监管施工进度，实现"计划编制、工效分析、进展反馈、投资联动、在线考核"全过程分析管控（见图6-2~图6-5）。利用系统编制四级进度计划，一级计划按半年管理，二级计划按季度管理，三级计划按月管理，四级计划按周管理，编制计划由一级向四级逐级进行分解，反馈时，由四级向一级逐级进行反馈。利用系统每日反馈现场施工进展，动态分析施工工效，根据关键线路识别规则，动态识别工程关键线路，且每条计划设定费用预算值，实现进度与投资联动。同时，为保证设计供图满足现场施工进展，利用智慧平台盯控每个专业每张图供应进度。

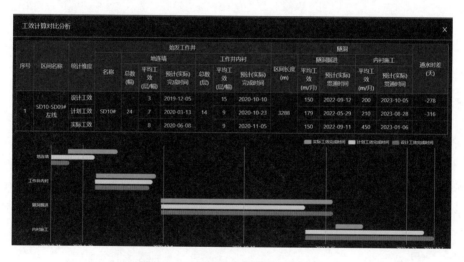

图 6-2　工效自动计算对比分析

图 6-3　施工进展日反馈

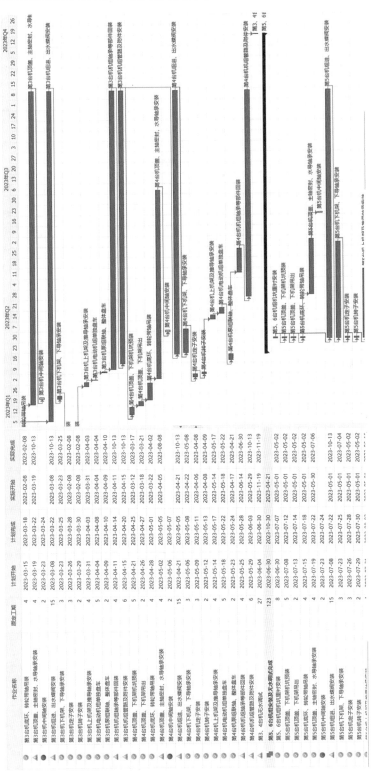

图6-4　进度计划在线编制

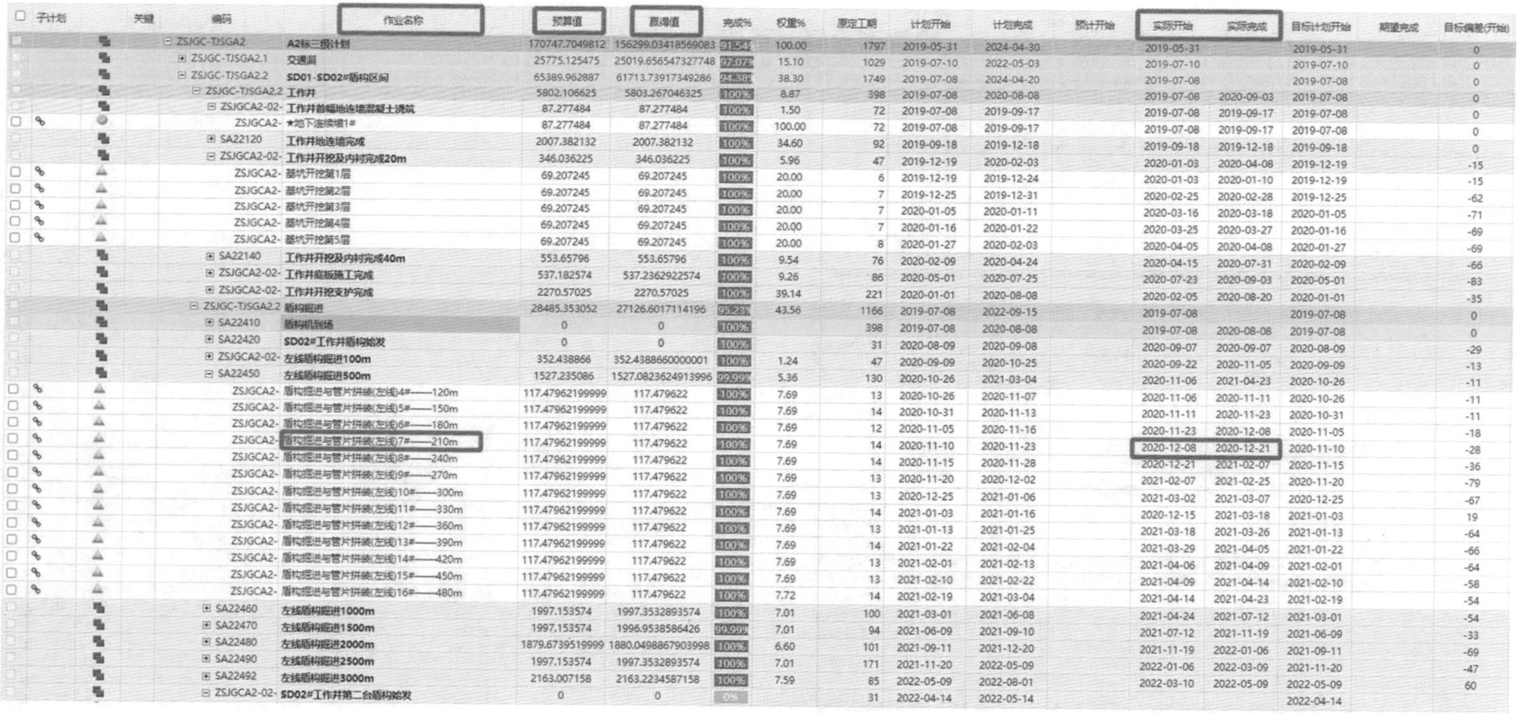

子计划	关键	编码	作业名称	预算值	赢得值	完成%	权重%	原定工期	计划开始	计划完成	预计开始	实际开始	实际完成	目标计划开始	期望完成	目标偏差(开始)
		ZSJGC-TJSGA2	A2标三级计划	170747.7049812	156299.03418569083	91.54%	100.00	1797	2019-05-31	2024-04-30		2019-05-31		2019-05-31		0
		ZSJGC-TJSGA2.1	交通洞	25775.125475	25019.656547327748	97.07%	15.10	1029	2019-07-10	2022-05-03		2019-07-10		2019-07-10		0
		ZSJGC-TJSGA2.2	SD01-SD02#盾构区间	65389.962887	61713.73917349286	94.38%	38.30	1749	2019-07-08	2024-04-20		2019-07-08		2019-07-08		0
		ZSJGC-TJSGA2.2	工作井	5802.106625	5803.267046325	100%	8.87	398	2019-07-08	2020-08-08		2019-07-08	2020-09-03	2019-07-08		0
		ZSJGCA2-02-	工作井首幅地连墙混凝土浇筑	87.277484	87.277484	100%	1.50	72	2019-07-08	2019-09-17		2019-07-08	2019-09-17	2019-07-08		0
		ZSJGCA2-	★地下连续墙1#	87.277484	87.277484	100%	100.00	72	2019-07-08	2019-09-17		2019-07-08	2019-09-17	2019-07-08		0
		SA22120	工作井地连墙完成	2007.382132	2007.382132	100%	34.60	92	2019-09-18	2019-12-18		2019-09-18	2019-12-18	2019-09-18		0
		ZSJGCA2-02-	工作井开挖及内衬完成20m	346.036225	346.036225	100%	5.96	47	2019-12-19	2020-02-03		2020-01-03	2020-04-08	2019-12-19		-15
		ZSJGCA2-	基坑开挖第1层	69.207245	69.207245	100%	20.00	6	2019-12-19	2019-12-24		2020-01-03	2020-01-10	2019-12-19		-15
		ZSJGCA2-	基坑开挖第2层	69.207245	69.207245	100%	20.00	7	2019-12-25	2019-12-31		2020-02-25	2020-02-28	2019-12-25		-62
		ZSJGCA2-	基坑开挖第3层	69.207245	69.207245	100%	20.00	7	2020-01-05	2020-01-11		2020-03-16	2020-03-18	2020-01-05		-71
		ZSJGCA2-	基坑开挖第4层	69.207245	69.207245	100%	20.00	7	2020-01-16	2020-01-22		2020-03-25	2020-03-27	2020-01-16		-69
		ZSJGCA2-	基坑开挖第5层	69.207245	69.207245	100%	20.00	8	2020-01-27	2020-02-03		2020-04-05	2020-04-08	2020-01-27		-69
		SA22140	工作井开挖及内衬完成40m	553.65796	553.65796	100%	9.54	76	2020-02-09	2020-04-24		2020-04-15	2020-07-31	2020-02-09		-66
		ZSJGCA2-02-	工作井底板施工完成	537.182574	537.2362922574	100%	9.26	86	2020-05-01	2020-07-25		2020-07-23	2020-09-03	2020-05-01		-83
		ZSJGCA2-02-	工作井开挖支护完成	2270.57025	2270.57025	100%	39.14	221	2020-01-01	2020-08-08		2020-02-05	2020-08-20	2020-01-01		-35
		ZSJGC-TJSGA2.2	盾构掘进	28485.353052	27126.6017114196	95.23%	43.56	1166	2019-07-08	2022-09-15		2019-07-08		2019-07-08		0
		SA22410	盾构机到场	0	0	100%		398	2019-07-08	2020-08-08		2019-07-08	2020-08-08	2019-07-08		0
		SA22420	SD02#工作井盾构始发	0	0	100%		31	2020-08-09	2020-09-08		2020-09-07	2020-09-07	2020-08-09		-29
		ZSJGCA2-02-	左线盾构掘进100m	352.438866	352.4388660000001	100%	1.24	47	2020-09-09	2020-10-25		2020-09-22	2020-11-05	2020-09-09		-13
		SA22450	左线盾构掘进500m	1527.235086	1527.0823624913996	99.99%	5.36	130	2020-10-26	2021-03-04		2020-11-06	2021-04-23	2020-10-26		-11
		ZSJGCA2-	盾构掘进与管片拼装(左线)4#——120m	117.47962199999	117.479622	100%	7.69	13	2020-10-26	2020-11-07		2020-11-06	2020-11-11	2020-10-26		-11
		ZSJGCA2-	盾构掘进与管片拼装(左线)5#——150m	117.47962199999	117.479622	100%	7.69	14	2020-10-31	2020-11-13		2020-11-11	2020-11-23	2020-10-31		-11
		ZSJGCA2-	盾构掘进与管片拼装(左线)6#——180m	117.47962199999	117.479622	100%	7.69	12	2020-11-05	2020-11-16		2020-11-23	2020-12-08	2020-11-05		-18
		ZSJGCA2-	盾构掘进与管片拼装(左线)7#——210m	117.47962199999	117.479622	100%	7.69	14	2020-11-10	2020-11-23		2020-12-08	2020-12-21	2020-11-10		-28
		ZSJGCA2-	盾构掘进与管片拼装(左线)8#——240m	117.47962199999	117.479622	100%	7.69	14	2020-11-15	2020-11-28		2020-12-21	2021-02-07	2020-11-15		-36
		ZSJGCA2-	盾构掘进与管片拼装(左线)9#——270m	117.47962199999	117.479622	100%	7.69	13	2020-11-20	2020-12-02		2021-02-07	2021-02-25	2020-11-20		-79
		ZSJGCA2-	盾构掘进与管片拼装(左线)10#——300m	117.47962199999	117.479622	100%	7.69	13	2020-12-25	2021-01-06		2021-03-02	2021-03-07	2020-12-25		-67
		ZSJGCA2-	盾构掘进与管片拼装(左线)11#——330m	117.47962199999	117.479622	100%	7.69	14	2021-01-03	2021-01-16		2020-12-15	2021-03-18	2021-01-03		19
		ZSJGCA2-	盾构掘进与管片拼装(左线)12#——360m	117.47962199999	117.479622	100%	7.69	13	2021-01-13	2021-01-25		2021-03-18	2021-03-26	2021-01-13		-64
		ZSJGCA2-	盾构掘进与管片拼装(左线)13#——390m	117.47962199999	117.479622	100%	7.69	14	2021-01-22	2021-02-04		2021-03-29	2021-04-05	2021-01-22		-66
		ZSJGCA2-	盾构掘进与管片拼装(左线)14#——420m	117.47962199999	117.479622	100%	7.69	13	2021-02-01	2021-02-13		2021-04-06	2021-04-09	2021-02-01		-64
		ZSJGCA2-	盾构掘进与管片拼装(左线)15#——450m	117.47962199999	117.479622	100%	7.69	13	2021-02-10	2021-02-22		2021-04-09	2021-04-14	2021-02-10		-58
		ZSJGCA2-	盾构掘进与管片拼装(左线)16#——480m	117.47962199999	117.479622	100%	7.72	14	2021-02-19	2021-03-04		2021-04-14	2021-04-23	2021-02-19		-54
		SA22460	左线盾构掘进1000m	1997.153574	1997.3532893574	100%	7.01	100	2021-03-01	2021-06-08		2021-04-24	2021-07-12	2021-03-01		-54
		SA22470	左线盾构掘进1500m	1997.153574	1996.9538586426	99.99%	7.01	94	2021-06-09	2021-09-10		2021-07-12	2021-11-19	2021-06-09		-33
		SA22480	左线盾构掘进2000m	1879.6739519999	1880.0498867903998	100%	6.60	101	2021-09-11	2021-12-20		2021-11-19	2022-01-06	2021-09-11		-69
		SA22490	左线盾构掘进2500m	1997.153574	1997.3532893574	100%	7.01	171	2021-11-20	2022-05-09		2022-01-06	2022-03-09	2021-11-20		-47
		SA22492	左线盾构掘进3000m	2163.007158	2163.2234587158	100%	7.59	85	2022-05-09	2022-08-01		2022-03-10	2022-05-09	2022-05-09		60
		ZSJGCA2-02-	SD02#工作井第二台盾构始发	0	0	0%		31	2022-04-14	2022-05-14				2022-04-14		

图6-5　进度与投资联动

案例 2：全过程动态管理关键线路

在前期，项目法人系统谋划工程工期，对标行业内同类工程，调研盾构、内衬等施工工效，将 113 km 线形工程合理划分区段，依据估算工效，计算各段工期，找出关键线路。根据工程特点及工期，科学划分施工标段及招标顺序，关键线路段优先招标；在实施阶段，制定不同阶段关键线路识别规则，动态分析施工工效，动态识别关键线路，并根据滞后时间制定分级响应机制，保障工期在控可控；同时为营造工程"比、学、赶、超"氛围，制定工程"巅峰榜""龙虎榜"考核规则，定期在线公示。

6.3.1　前期工期计算找出关键线路，指导工程招标

沿输水线路划分施工段，依据估算的施工工效，计算各段工期，找出关键线路。沿输水线路划分：①泵站为一个施工段；②水库为一个施工段；③一个出水井和一个区间隧洞为一个施工段。根据工程特点及工期，科学划分施工标段及招标顺序，保障工程进度。招标顺序及标段划分原则如表 6-1 所示。

表 6-1　招标顺序及标段划分原则

类型	原则	作用
招标顺序	工期较长的标段为施工控制性标段，优先招标	保障工程建设总工期
标段划分	标段金额合适，各标段金额在 10 亿~30 亿元，泵站不限	引起参建单位总部重视，最大程度获得资源及技术支持
	尽量减少跨行政区域	减少同一标段的协调难度
	尽量减少标段间的干扰	减少不同施工单位之间的协调工作
	同标段施工类型相对较少	有利于发挥各方优势

6.3.2　动态管理施工工效

项目法人利用监管平台，实现现场施工进展"每日一反馈，每周一分析，每月一评估，每季一总结"，既能实时跟进建设任务完成情况，又能及时分析现场施工工效（见图 6-6）。

针对现场施工关键工作，项目法人通过分解工序，对"人、机、料、

隧洞名称	隧洞长度 (m)	累计掘进 (m)	剩余工程量 (m)	完成比例 (%)	年度掘进(m)			1-4月份累计掘进(m)			4月份掘进(m)			掘进工效(米/月)				近7日 (m)	近3日掘进(m)			连续停机 天
					计划	实际	完成率(%)	计划	实际	完成率(%)	计划	实际	完成率(%)	计划工效	近90天	近60天	近30天		4.2	4.21	4.22	
SD02#~SD01#左线盾构	3361	2888	473	86	1451	978	67	921	978	106	230	192	83	137	264	289	324	65	14	10	14	
SD02#~SD01#右线盾构	3367	2584	783	77	1720	937	54	940	937	100	235	278	118	143	228	228	374	82	12	14	16	
SD03#~SD02#左线盾构	2921	2236	685	77	1241	556	45	931	556	60	250	202	81	165	146	146	202	80	0	0	0	3
SD03#~SD02#左线盾构	2926	2312	614	79	1176	562	48	936	562	60	240	209	87	160	157	157	209	95	6	10	6	
小计	14709	12154	2555	83	5588	3033	54	3728	3033	81	955	881	92					322	32	34	36	
SD04#~SD03#左线盾构	3290	2754	536	84	1308	772	59	900	772	86	240	186	78	181	199	219	270	63	11	12	10	
SD04#~SD03#右线盾构	3288	2738	550	83	1356	806	59	900	806	90	300	170	57	177	202	189	259	44	3	6	11	
SD05#~SD04#左线盾构	2392	1894	498	79	1267	769	61	825	769	93	240	330	138	154	228	265	444	48	16	8	12	
SD05#~SD04#右线盾构	2392	2031	361	85	1042	681	65	780	681	87	210	149	71	169	128	106	149	105	24	18	19	
小计	11362	9417	1945	83	4973	3028	61	3405	3028	89	990	835	84					260	54	44	52	

图 6-6　施工进展系统实时更新

法、环"逐项对比分析，以提升工效。如在预应力内衬施工阶段，每仓施工工效前期为 7.5 天/仓，通过此方法，找出施工难点及堵点，对症下药，提出有效纠偏措施，工效提升至 3.5 天/仓，工程某区间从全线最关键线路，经 2 个月转为非关键线路。预应力浇筑工序工效分析与施工要素分析及纠偏如表 6-2、表 6-3 所示。

表 6-2　预应力浇筑工序工效分析

序号	工序	7月1日工效	8月13日工效	8月31日工效
		工序时长/h	工序时长/h	工序时长/h
1	刷脱模剂	12	10	5
	待浇段钢筋完善	34	18	10
2	模板台车行走就位	10	8	5
3	两侧端头模板封堵	32	28	16
4	混凝土浇筑入仓	14	14	12
5	混凝土待凝等强	48	36	24
	端头模板拆除	20	12	8
6	模板台车脱模	32	16	6
	合计	170	120	86
	混凝土浇筑工效	7.5 天/仓	5 天/仓	3.6 天/仓

表 6-3　施工要素分析及纠偏

<table>
<tr><th>施工要素</th><th>现状</th><th>措施</th><th>效果</th></tr>
<tr><td rowspan="2">人</td><td>管理人员组织不力，技术经验缺乏</td><td>领导小组驻场，更换整个项目班子</td><td rowspan="6">1. 从全线关键线路最多及滞后最多，2 个月后脱离关键线路；
2. 整体施工环境大幅度改善</td></tr>
<tr><td>工人不熟练</td><td>开展场外钢筋及钢绞线架设原型试验</td></tr>
<tr><td>机</td><td>钢筋台车不足</td><td>每个区间增加 2 台台车</td></tr>
<tr><td>料</td><td>钢绞线供应不足</td><td>扩增品牌，总部资金支持</td></tr>
<tr><td>法</td><td>施工衔接不畅，工效低</td><td>专家小组优化工艺，改进端头模板封堵及拆除工艺；分解钢筋架设工序</td></tr>
<tr><td>环</td><td>人车混流，安全风险高</td><td>重新规划运输通道及布置</td></tr>
</table>

6.3.3　动态识别关键线路

分阶段制定识别规则，依据当前工效及后续工效测算工期，动态识别关键线路，每月发布（见图 6-7）。不同阶段关键线路识别规则如下：

盾构施工阶段：以 2023 年 10 月为目标，按本区间、本标段、全线盾构连续 6 个月的平均工效测算，特殊地质或穿越铁路等重点地段，进行单独分析计算。

内衬施工阶段：以 2023 年 8 月为目标，按月度分解任务完成情况测算。

通水施工阶段：以 2023 年 12 月为目标，按机组启动及洞门封闭时间测算。

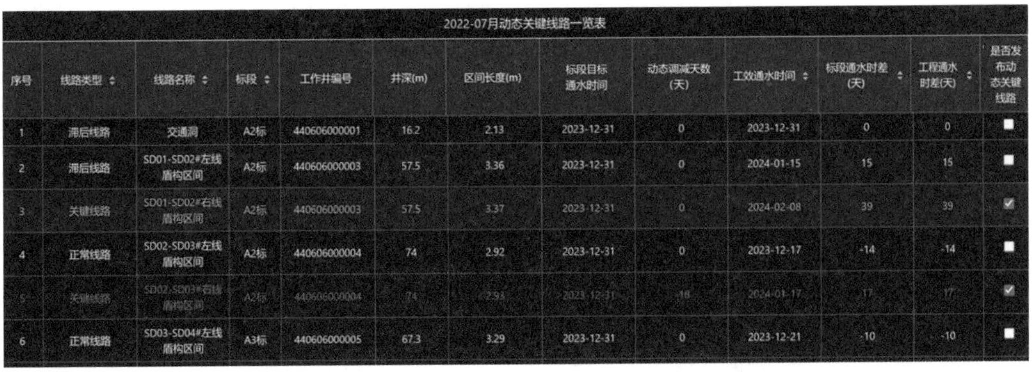

2022-07月动态关键线路一览表

序号	线路类型	线路名称	标段	工作井编号	井深(m)	区间长度(m)	标段目标通水时间	动态调减天数(天)	工效通水时间	标段通水时差(天)	工程通水时差(天)	是否发布动态关键线路
1	滞后线路	交通洞	A2标	440606000001	16.2	2.13	2023-12-31	0	2023-12-31	0	0	☐
2	滞后线路	SD01-SD02#左线盾构区间	A2标	440606000003	57.5	3.36	2023-12-31	0	2024-01-15	15	15	☐
3	关键线路	SD01-SD02#右线盾构区间	A2标	440606000003	57.5	3.37	2023-12-31	0	2024-02-08	39	39	☑
4	正常线路	SD02-SD03#左线盾构区间	A2标	440606000004	74	2.92	2023-12-31	0	2023-12-17	-14	-14	☐
5	关键线路	SD02-SD03#右线盾构区间	A2标	440606000004	74	2.93	2023-12-31	-18	2024-01-17	17	17	☑
6	正常线路	SD03-SD04#左线盾构区间	A3标	440606000005	67.3	3.29	2023-12-31	0	2023-12-21	-10	-10	☐

图 6-7　动态关键线路计算及发布

6.3.4　关键线路分级管控

关键线路按日盯控，根据滞后时间，分级管控，具体如表6-4所示。

表 6-4　关键线路分级管控

管控主体	每日盯控	连续 10 天滞后	连续 30 天滞后
施工单位	指挥部人员	领导小组成员驻场	领导小组副组长或以上人员驻场
监理单位	副总监专职	副总监驻场	总监驻场
建设单位	管理部专人	工程部专人驻场	项目法人领导驻场

6.3.5　进度在线考核

项目法人制定"巅峰榜""龙虎榜"进度专项考核规则，根据系统计算的施工工效、工程任务及投资完成情况，开展线上考核，营造"比、学、赶、超"氛围。"巅峰榜"指的是全线各标段隧洞内衬及掘进单日、单周、单月工效最高值（见图6-8）；"龙虎榜"指的是工效达标，施工任务及投资任务满足序时进度要求，且全线排列前茅的标段。

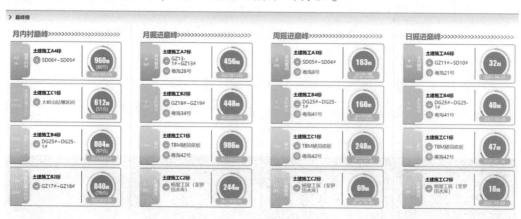

图 6-8　工程"巅峰榜"

案例 3：全过程动态管理设计供图

为确保设计单位供图及时，项目法人实施动态管理供图计划（见图 6-9）。该计划年初发布，年中更新。供图过程中借助智慧监管手段、施工图设计监理及设计领导小组力量推进供图，确保供图时间节点前移。若供图时间临近，珠三角项目管理信息系统会自动报警，后由施工图设计监理监督设计单位加快图纸供应，并每周向设计领导小组通报供图情况。项目法人采取有效的激励手段，每季度对施工图设计考核排名，并在合同条款中约定处罚条款，确保供图及时有效。

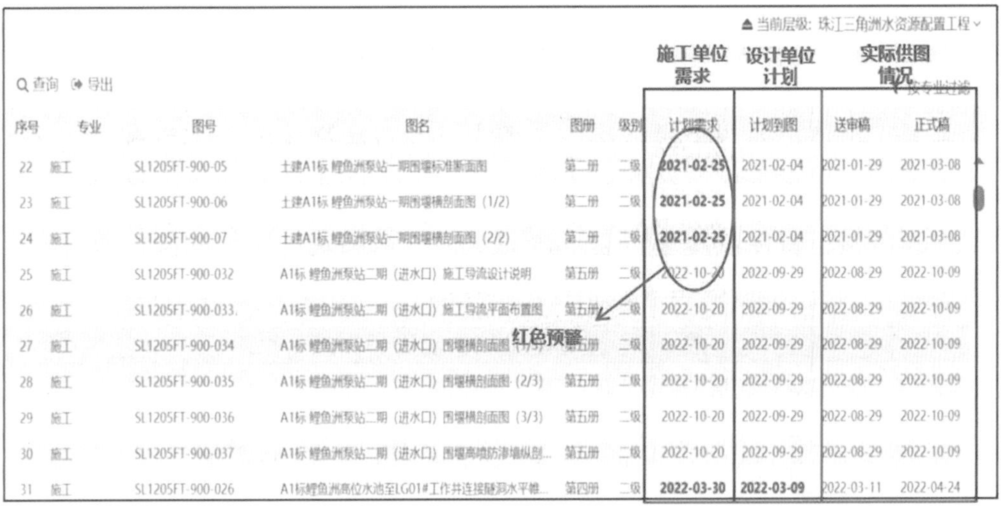

序号	专业	图号	图名	图册	级别	计划需求	计划到图	送审稿	正式稿
22	施工	SL1205FT-900-05	土建A1标 鲤鱼洲泵站一期围堰标准断面图	第二册	二级	2021-02-25	2021-02-04	2021-01-29	2021-03-08
23	施工	SL1205FT-900-06	土建A1标 鲤鱼洲泵站一期围堰横剖面图（1/2）	第二册	二级	2021-02-25	2021-02-04	2021-01-29	2021-03-08
24	施工	SL1205FT-900-07	土建A1标 鲤鱼洲泵站一期围堰横剖面图（2/2）	第二册	二级	2021-02-25	2021-02-04	2021-01-29	2021-03-08
25	施工	SL1205FT-900-032	A1标 鲤鱼洲泵站二期（进水口）施工导流设计说明	第五册	二级	2022-10-20	2022-09-29	2022-08-29	2022-10-09
26	施工	SL1205FT-900-033	A1标 鲤鱼洲泵站二期（进水口）施工导流平面布置图	第五册	二级	2022-10-20	2022-09-29	2022-08-29	2022-10-09
27	施工	SL1205FT-900-034	A1标 鲤鱼洲泵站二期（进水口）围堰横剖面图（1/3）	第五册	二级	2022-10-20	2022-09-29	2022-08-29	2022-10-09
28	施工	SL1205FT-900-035	A1标 鲤鱼洲泵站二期（进水口）围堰横剖面图（2/3）	第五册	二级	2022-10-20	2022-09-29	2022-08-29	2022-10-09
29	施工	SL1205FT-900-036	A1标 鲤鱼洲泵站二期（进水口）围堰横剖面图（3/3）	第五册	二级	2022-10-20	2022-09-29	2022-08-29	2022-10-09
30	施工	SL1205FT-900-037	A1标 鲤鱼洲泵站二期（进水口）围堰高喷防渗墙纵剖...	第五册	二级	2022-10-20	2022-09-29	2022-08-29	2022-10-09
31	施工	SL1205FT-900-026	A1标鲤鱼洲高位水池至LG01#工作井连接隧洞水平帷...	第四册	二级	2022-03-30	2022-03-09	2022-03-11	2022-04-24

图 6-9　智慧监管供图进度

6.4　充分发挥参建单位总部力量

管理团队通过科学分标，选择的参建单位是国内一流的企业，总部力量雄厚。为充分发挥参建单位总部力量，全力支持现场履约团队，合同中约定总部成立领导小组和专家小组，并明确他们的职责和义务。合同履行过程中，领导小组要按照约定履行相应的职责，在资源投入、干部管理、管理及技术等方面有效地支持参建单位现场履约团队，推进工程建设。项目法人加强监督和考核，督促参建单位总部全力支持和帮助现场履约团队。领导及专家小组组长构成与进度管控推进作用见表6-5、表6-6。

表 6-5　领导及专家小组组长构成

类型	总数	领导小组组长			专家小组组长
		董事长	总经理	副总经理	总工程师
施工单位	10个	8个	2个	—	10个
监理单位	6个	2个	2个	2个	6个

表 6-6　领导及专家小组在进度管控中的推进作用

类型	事项	说明	成效
领导小组	团队建设	配足配强管理力量，提高现场执行力	提升现场管理；调配优质资源
	资源投入	加大资源投入及资金支持	
专家小组	提供设计优化建议	提高设计方案、施工方案及现场环境匹配度	1. 解决设计方案与施工方案匹配度不足问题；2. 加快现场重要事项决策，解决现场难点、堵点
	优化现场施工组织	优化施工组织，创造条件及工作面，提升工效	

案例4：深圳分干线进度脱胎换骨

深圳分干线由于项目管理团队更替管理力量减弱，引进施工队伍经验不足、工效极低，且施工设备及人员投入较计划相差较多，导致贯通3个月首仓未做，连续数月计划均未完成。针对此问题，项目法人要求专家小组组长驻场，将部分预应力改为钢管，同时要求领导小组组长专题调度，通过更换项目经理及总工程师，增加班组，项目转局直管，加大资金帮扶，纪委履职检查等措施，追回滞后工期，工效从1月浇筑16仓，到6月达到64仓（见图6-10）。

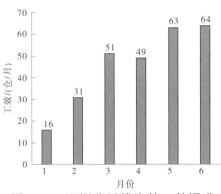

图 6-10 深圳分干线浇筑工效提升

案例 5：合理规划预应力内衬工作面

珠江三角洲水资源配置工程近 36 km 隧洞采用无黏结预应力混凝土内衬，隧洞平均埋深 40 m，中间未设置联络通道或检修支洞，单隧洞平均长度为 3 km，隧洞内径为 7.5 m，布置钢筋台车、浇筑台车等 5 类施工台车，每仓浇筑需经历 18 道工序。长距离狭小空间物料运输难，工序交叉频繁，施工精度及质量控制难度大，国内尚无同类型可直接借鉴的经验。前期，施工先行标段首仓浇筑耗时近 2 个月，连续 3 个月浇筑仓段均未超过 12 仓/月，与计划工效相差较远。组织参建单位专家小组驻场，经多次研讨，提出采用"先备仓，后双向浇筑"的施工组织方式，即备仓及浇筑均从单反向开始，浇筑工效提升至最多 70 仓/月。以 GZ20-GZ21 盾构区间施工为例，该区间混凝土共计 277 仓，综合考虑备仓工效、双向浇筑台车中间碰头站位及施工台车吊出顺序，在第 205 仓位置将隧洞分为两个施工段，采用 5 台钢筋台车从 GZ20#工作井开始备仓，在 2023 年 1 月 9 日备仓完成后，再从 GZ21#工作井增设 2 台钢模台车，实现双向浇筑，较单向浇筑方案预计可节省工期 2.5 个月。GZ20-GZ21#工作井区间施工组织如图 6-11 所示。

图 6-11 GZ20-GZ21#工作井区间施工组织

6.5　技术创新助推工程高效建设

珠江三角洲水资源配置工程开展了设计类、施工类、运营类课题研究 7 项，专题研究 27 项，为工程设计、主体施工提供经验及技术优化支撑。试验段先行先试，"短竖井狭小空间条件下土压平衡盾构分体始发施工工法、大直径钢管环氧粉末内喷涂设备及其工艺研究技术、隧洞内大直径钢管快速运输及安装技术、大直径钢管单面焊双面成型全位置自动焊接技术、长距离狭小空间自密实混凝土制备及浇筑工艺等"成果，后续全面运用于主体工程。斥资千万元，开展 1 : 1 预应力混凝土内衬原型试验，取得"钢绞线及钢筋优化布置、智能张拉技术、防脱空监测技术、钢模台车优化设计、浇筑工艺及工序优化"等一系列成果。利用设备、材料、工艺等方面的研发成果，优化施工工艺，提升施工工效。主要运用于工程建设的科研成果见表 6-7。

表 6-7　主要运用于工程建设的科研成果

类型	科研成果
设备及材料研发	大直径钢管环氧粉末内喷涂设备
	大直径钢管单面焊双面成型全位置自动焊接机器人
	隧洞内大直径钢管运输台车
	预应力内衬免拆锚具槽
	预应力内衬施工台车改造
	超高性能混凝土免拆板
工艺研发	短竖井狭小空间条件下土压平衡盾构分体始发施工工法
	隧洞内大直径钢管快速运输及安装技术
	长距离狭小空间自密实混凝土制备及浇筑工艺
	预应力内衬钢绞线安装及张拉工艺
	钢管内衬防腐涂刷工艺

案例 6：研制钢管运输安装台车

国内外大型供水工程中明管的安装通常采用吊机就位安装，在空间足够的情况下，隧洞内钢管通常采用轨道平车运输，但本项目盾构隧洞内径 5.4 m，DN4800 内衬钢管带 120 mm 高加劲环，加劲环外径为 5.1 m，钢管长度为 12 m，钢管与隧洞内壁在理想状态下间隙仅为 150 mm。实际上，隧洞安装了系列试验监测仪器，且在转弯及上下坡段，运输过程中钢管与试验监测仪器最小间隙不足 50 mm，运输过程中钢管极易与隧洞壁和仪器发生碰撞，且组对焊接空间受限，运输及安装难度极大，对钢管的运输安装技术提出了新的挑战。项目法人联合参建单位、科研单位研发国内首台自动化钢管运输安装台车（见图 6-12），该台车为轮胎式，采用变频三相异步电机，空载可达 5 km/h 行驶速度，额定载重量为 45 t，用于隧洞内大直径钢管无轨运输，运输车能够驶入管道内部，通过顶升系统顶起压力钢管，运输至指定位置并辅助安装工作。研发台车的投用，促使钢管安装工效提升近 2 倍，初设工效为 240 m/月，而现场实际最高工效达 856 m/月。

图 6-12　钢管运输台车

第 7 章　成本管理创新

编制分项实施预算
合理分担合同风险
实行"大综合"合同工程量清单
细化形象进度综合单价

工程投资实时看板

本章导读

　　本章重点探讨珠江三角洲水资源配置工程在成本管理方面的创新实践。

　　开展全过程咨询和科研助力成本控制；

　　创新合理分担合同风险举措；

　　阐述了成本"静控动管"的主要措施；

　　实施合同变更分类分级管控法；

　　探索利用智慧化手段管控成本。

　　本章为理解珠江三角洲水资源配置工程的成本管理创新提供了全面的视角，展示了在复杂工程环境下，如何通过科学管理实现合法合规、不超总概算的成本控制目标。

7.1　全过程咨询和科研助力成本控制

工程基于全生命周期视角，从建设前期（可行性研究阶段、初步设计阶段）到项目建设实施阶段的建设全过程开展了专业咨询和专项科研，促进工程安全、质量、进度目标实现的同时，助力了工程成本控制，项目节约投资约 20 亿元。

7.1.1　全过程专业咨询

工程地处寸土寸金的珠江三角洲核心地带，工程征地拆迁移民补偿费用超出概算指标的可能性大。建设伊始，管理团队超前谋划，创新举措，控制总投资不超概算。项目法人一方面得到省政府和工程征地拆迁所在地政府的支持，加强管理，合理开支，最大限度控制征地拆迁移民补偿费用；另一方面通过开展全过程专业咨询，优化方案，降低工程投资。

项目法人通过公开招标，分别选择了可行性研究阶段设计技术咨询单位、初步设计关键技术咨询单位、施工期关键技术咨询单位、设计监理单位、全过程造价监理单位开展全过程相应专业咨询工作，咨询成果对节约投资起到了重要作用。

案例 1：初步设计技术咨询

在初步设计之前，项目法人通过公开招标在全国范围内选择一流的设计咨询单位，开展初步设计关键技术咨询，优化设计方案，为关键技术问题提供专业意见。对初步设计 9 项专题报告和 18 项重大技术问题进行咨询。咨询涵盖设计文件、专题报告、重大技术方案，包括专题研究报告及重大技术咨询、隧洞典型断面的复核计算、工作井的典型复核、盾构机选型等内容。初步设计关键技术咨询部分成果贡献评价见表 7-1。

表 7-1　初步设计关键技术咨询部分成果贡献评价

工作井盾构接收始发土体加固范围优化	
原设计内容	工作井盾构接收始发土体加固为隧洞上下各 9.5 m
存在问题	加固范围过大
主要咨询意见	建议优化隧洞上下加固范围，按照 1 倍洞径控制
采纳情况	已采纳
对建设目标的贡献	节省工程投资约 3 672 万元
盾构隧洞施工穿越地下（面）建（构）筑物保护设计优化	
原设计内容	盾构隧洞施工穿越地下（面）建（构）筑物保护设计
存在问题	1. 保护方案主要以采取地面加固措施为主，未进行方案比选； 2. 隧洞埋深 40~50 m，埋深较大，地表加固施工困难，质量难以保证
主要咨询意见	1. 鉴于输水隧洞埋深较大，除非必要，建议一般穿越高等级公路路基、房屋等可不采取加固措施和第三方监测； 2. 建议穿越交叉建筑物保护方案需进行方案比选，主要比选采用地面、地下和二者结合的保护方案； 3. 地面保护涉及征地、施工难度及进度、加固质量等问题，建议采用地下（洞内）加固方案
对建设目标的贡献	1. 减少征迁工作和实施难度； 2. 有利于施工； 3. 保证施工质量； 4. 节省工程投资

案例 2：施工前期关键技术咨询及设计监理

初步设计获批后，项目法人通过公开招标在全国范围内选择施工图监理单位和施工期关键技术咨询单位。

开展施工期关键技术咨询，包括招标阶段三大泵站、水泵电机等重要机电设备的招标设计文件咨询；施工阶段工程地质、土建设计方案、机电金结自动化专业、环水保等技术咨询；工程验收及科研创优咨询。咨询单位对泵站布置设计优化方案、钢管段壁厚优化等出具 137 项专业咨询意见，优化节省投资约 6 亿元。

施工图设计监理工作是指对施工图设计全过程、全方位审核把关，从施工图强制性条文、设计依据、政策符合性、设计质量、设计深度、设计变更文件及专题报告、供图计划等方面开展专业审查。对三大泵站、高新沙水库、隧洞工程、工作井、安全监测、建筑与景观设计提出 90 余项科学建议，节约工程投资约 0.9 亿元。

7.1.2　全过程科研

初步设计批准之前，项目法人按照广东省发展改革委批复的工程试验段初步设计方案，开展试验段建设。试验段建设通过设计结构优化试验，根据实际选定工程内衬结构，从设计源头节省投资；通过施工工艺试验，优化施工工法，减少返工、节省成本；通过建设管理组织试验，探索高效的项目法人管理、监理控制、施工组织等方面的措施，优化施工组织设计，总结保质增效、控制成本的经验。

初步设计和施工过程中，项目法人开展了总体规划设计类、施工类、运营类课题 7 项，建设专题科研攻关项目 27 项，为工程设计、施工提供了理论和试验支撑。典型科研项目成果转化应用见表 7-2。

表 7-2　典型科研项目成果转化应用

序号	课题名称	成果说明	应用情况
1	复杂地质条件下高水压盾构输水隧洞复合衬砌结构关键技术研究	1. 管片-钢内衬分开受力结构应用长度 81.3 km； 2. 管片-钢内衬联合受力结构应用长度 4.9 km； 3. 管片-钢筋混凝土内衬结构应用长度 7.4 km	已应用
2	高水压输水隧洞预应力混凝土衬砌结构设计及施工质量控制与检测关键技术研究与应用	1. 钢绞线由 8Φ17.8 mm 优化为 8Φ15.2 mm，双层双圈布置； 2. 优化预应力锚具槽； 3. 研发隧洞拱顶脱空监测； 4. 研发混凝土、钢管内衬与围岩（管片）脱空检测技术	已应用
3	不均匀地质下长距离高压输水隧洞纵向稳定及地震安全性研究	1. 将隧洞分段长度由 9.6 m 调整为 11.84 m，减少分缝数量，节省止水缝结构投资和节省工期； 2. 设置排水的洞段排水层由隧洞上部管片内侧 300°范围调整至 180°范围，节省排水层投资	已应用
4	南沙地区土壤重金属超标原因及对高新沙水库的影响研究	优化了高新沙水库库盆的设计，全库盆混凝土护面取消橡胶止水带，优化结构钢筋	已应用
5	超高性能混凝土应用于工作井相关结构的关键技术研究	1. 组合屋盖结构设计、施工相关过程； 2. 超高性能混凝土免拆模板和组合结构屋盖应用	已应用

除专门的课题研究外，项目法人还充分调动参建单位积极性，结合课题研究，研发总结了盾构分体始发施工工法、大直径钢管环氧粉末喷涂、大直径钢管快速运输及安装技术、自动焊接技术等成果，并全面运用于主体工程。参建单位开展 1∶1 预应力混凝土内衬原型试验，研发总结了智能张拉技术、防脱空监测技术、钢模台车优化设计、浇筑工艺及工序优化等系列成果，有效提高了现场施工工效，仅这一项就节约投资超 5 亿元。这些研究研发，不仅确保了工程质量和安全，提高了工程建设效率，还助力了工程成本控制。

7.2　合理分担风险的创新举措

建设前期是影响工程投资的主要阶段，设计深度是影响工程成本的主要因素。设计深度不足易导致重大设计变更，前期的谋划有效地控制住了此类变更的发生。建设期成本控制的重点是控制好合同变更和索赔，项目法人在招标文件编制过程中，系统分析工程风险，在补充地质勘察、优化工程量清单设计、合理分担合同风险、设置风险转移方案等方面的创新，转移了合同风险，减少了综合单价合同的变更和索赔，有效地控制了成本。

7.2.1　加密补勘

工程距离长、埋深大、地质条件复杂，针对此特点项目法人加密补勘，确保勘察结果准确。初步设计阶段地质勘探点间距设置为 100~200 m，施工图设计阶段，项目法人鼓励承包人加密补勘，将间距缩小至 25 m。项目法人在合同中约定，盾构法隧洞施工所需的超前勘探、不良地质洞段的补充勘探、孤石处理等所需的费用，由发包人按《工程量清单》中相应项目的单价或总价支付。全线补勘 14 万 m，虽费用增加约 3 000 万元，但大大降低了施工过程中的地质风险，减少了合同变更，有效控制了成本。

7.2.2　创新合同清单设置

水利工程是在初步设计基础上招标，主体工程一般采用综合单价承包，招标时工程量计算不够准确，潜在合同变更较多，合同计量支付及变更管理复杂，成本控制具有不确定性。住房建筑、市政等工程是在施工图设计基础上招标，采用总价承包方式，合同计量支付及变更管理简单许多，合同成本控制的确定性强。

项目法人创新合同清单设置，合理分担风险。

7.2.2.1　盾构单价设置为大综合单价

设置盾构隧洞开挖、支护综合清单项目，规范盾构掘进构成，确定盾构掘进标准，将盾构单价设置为大综合单价，降低项目法人管理难度。盾构开挖、支护按照传统水利工程清单计价规范要求的盾构清单编制，如表 7-3

所示。

工程盾构开挖、支护清单如表 7-4 所示。

表 7-3　按规范要求编制的盾构清单

清单项	单位
Φ6 m-盾构安装调试	台次
Φ6 m-盾构拆除	台次
分体始发增加费	m³
Φ6 m-负环段（刀盘式泥水平衡）	m³
Φ6 m-出洞段（刀盘式泥水平衡）	m³
Φ6 m-正常段（刀盘式泥水平衡）	m³
Φ6 m-进洞段（刀盘式泥水平衡）	m³
洞内渣土排运（排泥管线平均长度为 2 km）	m³
弃渣（泥浆）固化处理	m³
盾构掘进洞渣料外运（90% 运 17 km，10% 陆运 1 km，船运 40 km 转陆运 0.5 km）	m³
C55 混凝土盾构衬砌管片（外购，含钢筋 170 kg 及拼装）（含负环管片）	m³
C55 混凝土盾构衬砌管片（外购，含钢筋 170 kg、抗海水腐蚀剂及拼装）（含负环管片）	m³
C60 混凝土盾构衬砌管片厚 300 mm（含抗海水腐蚀剂、运输及拼装）	m³
管片洞内运输 1.5 km	m³
管片场外运输 50 km	m³

7.2.2.2　设置风险包干费

合同专用条款约定了不利物质包括的内容及其预处理措施，且在招标工程量清单中设置风险包干费为非竞争费用。对一般不利地质情况的预处理费用进行包干，有效提高了施工单位的主观能动性，使施工单位发挥其技术及经验优势，以最优方案且安全的措施进行预处理。同时，合同也明确规定，超过一定金额的风险费用由建设单位承担，总体风险和收益实现共担共享。

7.2.2.3　设置渣土综合化利用项目

在清单中设置渣土综合利用项目，在评标规则中正向引导施工单位进行渣土综合化利用。通过市场竞争机制，充分发挥施工单位作为市场主体的优势，多元化进行综合化利用，促使施工单位想方设法降本增效。

表 7-4　工程合同盾构清单

标段	清单项	单位	金额
Φ6.0 m 盾构段	1. 掘进：管片外直径 ϕ 6 000 mm，包含负环段、出洞段、进洞段、正常段，盾构机安装调试和拆除； 2. 盾构掘进洞渣料洞、井内运输； 3. 盾构管片：厚 300 mm，含钢筋（HRB400，含钢量 190 kg/m³），C55 混凝土，抗渗等级为 W12，抗海水腐蚀添加剂，M27 螺栓、螺母均为不锈钢，机械性能等级 A4-70 级，含 ϕ 36 PE 螺栓孔管，螺栓钢垫片，螺栓孔密封圈，含管片（防腐）成品保护； 4. 管片运输：场内外、洞内、井内； 5. 含管片定位棒（PVC）、丁腈软木垫（厚 6 mm）、预埋吊装孔组件； 6. 弹性橡胶密封垫：三元乙丙橡胶，宽 43 mm，厚 22 mm； 7. 遇水膨胀止水橡胶条：宽 40 mm，厚 4 mm； 8. 衬砌压浆：水泥浆，水灰比 1∶1~0.5∶1； 9. 二次注浆：含预埋注浆管组件、注浆孔封堵； 10. 临时防水环板安装及拆除、临时橡胶止水帘布； 11. 洞口混凝土环圈、钢筋； 12. 负环管片安装及拆除； 13. C35 微膨胀混凝土（管片手孔回填）； 14. 泥水处理系统； 15. 通风管道安装及拆除； 16. 洞内供电系统； 17. 洞内临时轨道安装及拆除； 18. 其他详见设计图及相关技术要求	m	×万元

7.2.3　合理分担主材涨价风险

工程施工合同约定：当 Φ12 以上钢筋、预应力锚索、内衬钢板（含加劲环，下同）、商品混凝土、自拌混凝土和管片所用的水泥、砂和碎石（以下统称调差材料）价格变化超过 5% 时，超过部分的材料单价按合同约定调整。除上述调差材料外，其他所有材料、人工、设备及机械台班等以及工程量清单"备注"中的"总价承包"项目，在本合同实施过程中其价格不因物价波动而予以调整。

　　施工过程中，项目法人密切关注主要材料价格走势（见图 7-1、图 7-2），进行敏感分析，科学应对，合理分担。

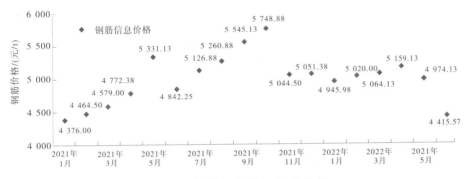

图 7-1　钢筋材料价格波动曲线

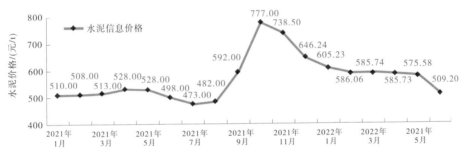

图 7-2　水泥材料价格波动曲线

7.2.4　特色预付款

　　建筑市场，施工单位资金困难是常态，珠三角工程全线设计有 48 台盾构机，盾构机采购或租赁将花费大量资金，如此施工单位将在施工前垫付大量资金，进而很可能会影响项目进展。管理团队在合同招标前就已意识到该问题，为避免施工设备采购和租赁的资金大量"压占"工程款，影响现场施工，合同因地制宜设置安全生产措施费预付款、节点预付款和年度预付款。

　　（1）安全生产措施费预付款约定：第一次支付安全生产措施费总价的 30% 作为安全生产措施费预付款（不扣回），第二年至第四年各支付 20%，第五年支付 10%。

　　（2）节点预付款约定：按节点共支付四次，第一次支付签约合同价的

10%，其中签约合同价的 9% 为盾构工作井和盾构掘进施工阶段预付款，签约合同价的 1% 为预应力混凝土衬砌施工阶段预付款；第二次在盾构机采购合同（维修改造合同）签订时，支付签约合同价的 5%，为盾构工作井和盾构掘进施工阶段预付款；第三次在第一台盾构机始发时，支付签约合同价的 5%，为盾构工作井和盾构掘进施工阶段预付款；第四次在第一个盾构隧洞区间贯通时，支付签约合同价的 9%，为预应力混凝土衬砌施工阶段预付款。

（3）年度预付款约定：自第一台盾构机始发后的第二年度，预付款按年度支付，金额为当年投资计划的 20%，在当年度 1 月支付。后续逐月按比例扣回。

"量身定制"的预付款支付条款，保证了各中标单位项目部较少的资金垫付，降低了项目部资金成本，也正是由于这样相对"优越"的资金付款条件，施工单位才愿意充分发挥，从而使工程造价成本降低。

7.2.5　创新工程保险方案

水利工程保险费率低、出险风险高，加之珠三角工程保额大，保险项目实施难度高。项目法人创新工程保险方案，一是在项目招标前邀请实力雄厚的保险公司到工程一线参观，深入了解现场施工状况；二是充分利用竞争机制实现共保共担，降低保费。珠三角工程保险招标按照"先选择最强的入围，再选择较低的报价"原则，创造性将得分前三的最低价选定为首席承保人，按报价从高到低选择共保人，保险方式与一般保险方式的区别如表 7-5 所示。

表 7-5　工程保险方式与一般保险方式的区别

项目	一般工程保险方式	珠三角模式
首席选择	综合评分法得分最高的投标人为首席承保人	综合评分法得分前三名中报价最低的投标人为首席承保人
共保人选择	按综合得分从高到低，选择共保人	按报价从高到低，选择共保人
承保份额分配	招标文件约定	投标人自行申报
费率选择	以首席承保人投保费率为所有参保人费率	按中标共保人各自的费率

7.2.6　规避不平衡报价风险

项目法人为规避不平衡项目低价中标高价结算，合同条款设定对不平衡报价的高价项目进行合理化调整机制。中标后及时进行不平衡报价分析，杜绝投标人利用不平衡报价法谋求不合理利润，签约前要求投标单位对投标文件中的不平衡报价低价项目进行履约承诺。项目法人对金额、中标单价与合理单价偏差及发生变更的概率进行评估，划分三级风险，实行分类分级管控，如表 7-6 所示。

表 7-6　不平衡报价风险等级划分

风险等级	工程量	中标单价与合理单价偏差	项目金额占合同金额	发生变更的概率	对合同金额影响	风险评估	风险控制措施	备注
高风险	大、中等	大	大	极可能、可能	大	高	专项控制、重点防控	动态管理
中风险	大、中等	大	较大	可能	较大	中	关注	
低风险	中等、较小	大	较小	可能、低	较小	低	一般关注	

项目法人及时建立不平衡报价清单台账，严控低价项目高价结算。

7.3　创新动态成本控制措施

水利工程合同签订的基础是初步设计，施工阶段设计单位按照计划分期分批提供施工图纸，结算工程量变化较大，合同变更较多，工程成本控制难度较大。因此，水利工程成本控制一般采用"静控动管"，即以初步设计概算及合同签约价格作为静态控制目标，加强重大设计变更管控，合理分摊合同风险，严格控制计量支付和合同变更。

7.3.1　编制分项实施预算

项目法人在初步设计概算的基础上，按建管思路对概算分解，一事一立，以一个合同为一个分项目，由分项目主办部门对立项开支的必要性及技术经济合理性进行论证，并编制分项目实施方案和实施预算，造价部门联合造价监理按照"精、准、严、细"的审核原则进行审核，确保审核的立项预算经济、合理，符合市场实际，具备市场竞争力，最后按照分项目的实施预算金额及费用性质进行分级审批后，启动招标工作。

7.3.2　分级管理，一事一批

项目实施过程中，按费用类别分级审批、集体决策（见表 7-7），就开支事项的必要性、预算的合理性进行审核控制后，方可开支。

7.3.3　动态预警

对工程成本实施"静控动管"，关键要建立预警机制，按月更新动态成本，让决策层实时把握工程成本变化和项目实施预算的执行情况。立项项目的动态成本控制率达到对应立项金额的95%或合同动态成本超出签约合同价时，启动黄色预警，预算部应及时组织相关合同主管部门分析原因，提出管控措施，并向分管领导报告。立项项目的动态成本控制率达到对应立项金额的97%时，启动红色预警，预算部应及时组织相关合同主管部门分析原因，提出管控措施，并向公司领导报告。必要时对立项预算进行追加或调整。工程成本动态管理如图 7-3 所示。

表 7-7　工程项目开支立项审批权限

序号	项目类别		开支额度	公司审批								党委会	经营班子会	董事会	股东会
				主办部门	业务主管部门	预算部	法务招标部	财务部	业务分管领导	预算分管领导	总经理				
1	工程部		500 万元以下	△	△	△	△	△	△	△	√				
			500 万元以下	△	△	△	△	△	△	△			①		
			超对应概算	△	△	△	△	△	△	△		①	②		
2	独立费	建设管理费	30 万元以下	△	△	△	△	△	△	△	√				
			30 万～100 万元	△	△	△	△	△	△	△			①		
			100 万元以上	△	△	△	△	△	△	△		①	②		
		捐赠	单笔金额 30 万元以下	△		△	△	△	△	△			①		
			单笔金额 30 万元以上;同一受赠对象当年累计计捐赠金额 50 万元以上;超出年度预算范围的捐赠事项	△		△	△	△	△	△		①	②		

续表 7-7

序号	项目类别	开支额度	公司审批											股东会
			主办部门	业务主管部门	预算部	法务招标部	财务部	业务分管领导	预算分管领导	总经理	党委会	经营班子会	董事会	
3	建设征地移民补偿	30万元以下	△	△	△	△	△	△	△	√				
		30万元以上	△	△	△	△	△	△	△			①		
		超对应预算	△	△	△	△	△	△	△		①	②	③	
4	其他支出	200万元以下	△	△	△	△	△	△	△	√				
		200万元以上	△	△	△	△	△	△	△			①		
		超对应预算	△	△	△	△	△	△	△		①	②	③	
5	建设管理费、建设征地移民补偿费总额超概算		△	△	△	△	△	△	△		②	①	③	④
6	动态成本超立项金额		按调整后的金额重新根据立项权限审批											
7	总概算调整		△	△	△	△	△	△	△		②	①	③	④

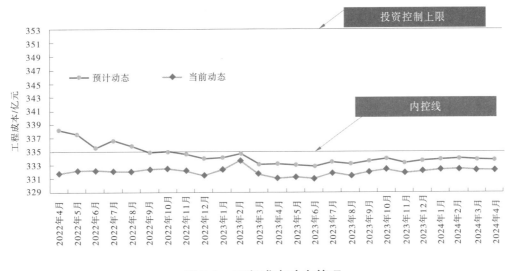

图 7-3　工程成本动态管理

7.3.4　投资实时统计分析

项目法人探索出一种新模式：以时间为轴线，将各工序中同步完成的各项工程量清单进行整合，形成与形象进度匹配的造价指标，统计投资时以形象进度为工程量，以造价指标为单价。整合后，主体工程各标段的指标简化为数十项，仅为清单数量的 10%，相比常规方法节约 90%时间，降低了工程的投资统计工作负担，实现高效率、准确、实时反馈已完投资。这种新模式利用 PMIS 平台投资反馈模块进行统计，通过构建"计划编制→费用配置→周期反馈"过程，实现实时投资统计。

7.3.5　合法合规开支征地费用

项目法人根据《广东省珠江三角洲水资源配置工程建设征地补偿和移民安置管理办法》（以下简称《办法》），确保工程征地移民工作合法合规。《办法》指出，征地移民实施工作中，当实际发生的费用超过建设征地补偿和移民安置协议中明确的暂定金额时，可在工程基本预备费中列支。不足部分，由项目法人的出资人按既定的项目出资原则和比例予以解决。确需调整或修改移民安置初步设计的，项目法人应当依据有关法律法规和规程规范，组织设计单位编制工程建设征地补偿和移民安置调整专题报告，报广东省水利厅审核。

7.4　合同变更分类分级管控

针对变更，珠江三角洲水资源配置工程按照分级审批、集体决策、严控变更原则处理。编制《珠江三角洲水资源配置工程设计变更管理办法》及《珠江三角洲水资源配置工程变更与索赔管理办法》，建立变更分级审批、集体决策为审批机制，规避风险，打造廉洁阳光工程。

项目法人创新性地将设计变更分为 A、B 两类：A 类一般设计变更主要包括局部平面布置、结构局部高程、结构构件尺寸、非关键设备的技术参数、金结局部尺寸、细部结构、局部地基处理、钢筋布置、混凝土和砂浆参数、材料规格参数等；B 类一般设计变更是指除 A 类以外的一般设计变更。其中 A 类一般设计变更又分为 A1 类和 A2 类：A1 类一般设计变更指对招标图进行深化优化的变更；A2 类一般设计变更指对施工图进一步优化的变更。

A 类设计变更以金额 1 000 万元为界限区分不同的审批流程，B 类设计变更以金额 100 万元为界限区分不同的审批流程。变更分级审批机制如图 7-4 所示。

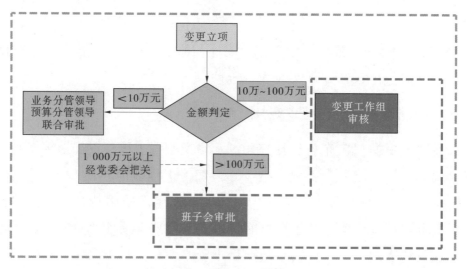

图 7-4　变更分级审批机制

在变更过程中，聘请全过程造价监理对工程变更进行全方位控制（见图 7-5），造价监理的造价人员常驻现场，及时解决造价控制相关问题，全

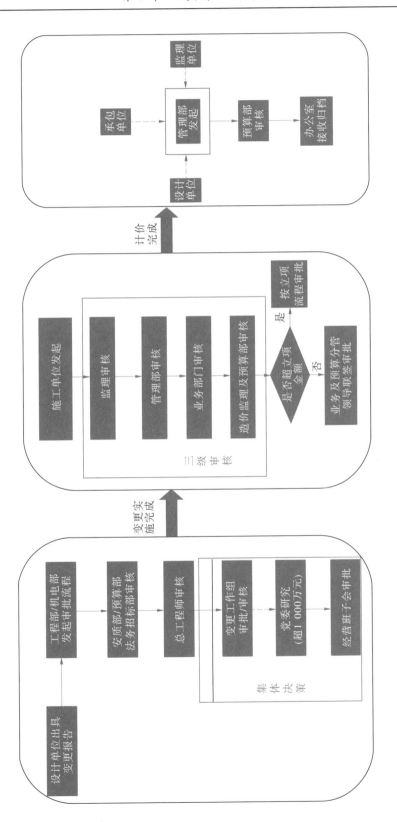

图 7-5　变更处理程序

程参与变更立项和计价，充分发挥第三方机构的专业性；落实施工监理、造价监理及建设单位"三审制"，确保变更合法合规、管控到位；变更程序遵循先"立项"后"计价"，按变更立项金额分级"集体决策"审批原则，变更资料及时归档。

7.5　智慧化手段促进成本管理

项目法人将制度规定（见表 7-8）与预算开支、合同签订、价款支付、变更管理、签证管理、结算管理等成本管理环节（见图 7-6）一一对应，深度融合 PMIS 系统，搭建数字审批流程。通过规范化的成本管理流程、智慧化的成本管控体系，实现成本管理全方位参与、全过程管控，提高管控质量和效率，有效控制工程造价，助力实现成本管控目标。

表 7-8　成本管理制度

序号	制度名称	涉及审批内容
1	项目立项及成本开支管理规定	立项审批流程
2	预备费使用管理办法	预备费动用
3	设计变更管理办法	设计变更立项审批流程
		设计变更文件审批流程
4	工程变更与索赔管理办法	工程变更立项审批流程
		变更计价审批流程
		现场签证审批流程
		费用索赔审批流程
5	现场签证工作指引	现场签证
6	价款支付管理办法	价款支付审批流程
		工程结算款支付审批流程
7	结算管理办法	结算流程

将工程概算、分项概（预）算、合同、变更、计量支付、结算等全过程成本管理实现数字化、流程化审批，搭建成本管理智慧平台，落地成本管理体系，打通数据底层逻辑，关联合同清单、变更价格、材料价差及违约考核等数据，构建智慧化成本管控，实现一键结算目标，如图 7-7 所示。

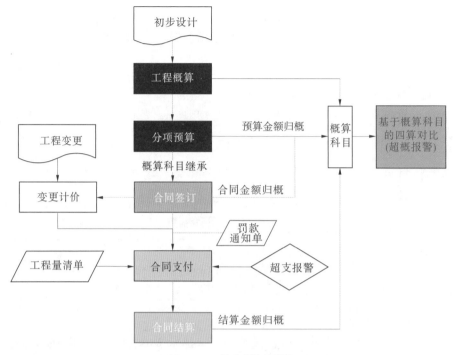

图 7-6 成本管理流程

图 7-7 智能一键结算

第 8 章　考核管理创新

强制排名

考核结果直达总部

"我守信 我拼搏 我必胜"营造"比、学、赶、超"良好氛围

本章导读

　　本章深入展示了考核管理在推动大型工程建设方面的创新思维和实践举措。珠江三角洲水资源配置工程建设管理目标的实现，离不开五大控制体系的有效运作作为坚实保障。

　　为准确评估这些体系的运行成效，及时地分析与研判显得尤为重要，管理团队巧妙地将粤海集团的工程考核文化融入工程建设管理中，通过对参建单位的严格考核，全面总结并分析了五大控制体系的实际运行情况。

　　创新考核机制的核心在于管理团队的考核理念。他们基于考核的可行性和有效性，融合了打分考核与强制排名考核两种方式，构建了一套"五大控制+专项考核"的综合评估体系。本章详细阐述了施工单位、监理单位以及设计单位的考核内容及结果应用。

8.1　考核思路

8.1.1　独特的考核体系构建

项目法人全面构建并优化了末位调整与不胜任退出机制，旨在形成"能者上、平者让、庸者下、劣者汰"的良性循环。参建单位的考核体系遵循以下原则构建：

原则一：坚持强制排名。对各参建单位进行综合考核排名，同时确保考核结果直接反馈至总部高层，实现透明化管理。

原则二：坚持末位调整。对于考核结果未达到合同要求的单位，对单位或责任人进行追责处理，确保考核的严肃性和有效性。

原则三：坚持奖罚并举。对于违反合同约定的责任人，采取"重行政、轻经济"的处分原则。同时，为鼓励优秀，施工单位年度考核排名前 25%（含）的，将有机会参与评选当年度优秀施工单位，并有机会被推荐为珠江三角洲水资源配置工程十大标兵候选人。这一举措旨在将集体荣誉和个人荣誉紧密结合，充分激发项目领导班子的积极性和创造力。

8.1.2　合同中的考核规定明确化

为确保考核制度得到有效落实，项目法人在招标阶段即已进行系统规划，并明确写入合同条款中，详尽地列出了考核的具体内容，要求施工单位、监理单位严格执行，并作出以下承诺：

（1）无条件服从考核评比：各参建单位需无条件服从发包人对参建单位领导小组、专家组以及项目管理机构所开展的考核与评比工作，确保考核顺利进行。

（2）考核结果的内部通报与反馈：现场项目管理机构及其上级（总部）需内部通报并传阅发包人对项目管理机构及相关人员的考核与评比结果。同时，需向发包人提交书面通报与传阅记录，确保信息的准确传递与反馈。

（3）专题会议与整改措施：根据发包人的要求，各参建单位需召开党组织和经营班子专题会议，深入研究工程项目管理过程中存在的问题，并制定相应的整改措施，发包人有权列席这些会议，以便更好地了解各参建单位的工作进展与问题，共同推动项目的顺利进行。

8.1.3　考核体系优化方案

项目法人已制定出一套全面的参建单位考核管理策略，旨在涵盖施工、监理、设计以及服务单位等所有参与建设的实体，确保无一遗漏地参与考核流程。考核体系细分为日常考核、季度考核和年度考核三大环节，结合五大控制核心要素（安全、质量、进度、成本、廉洁）及专项工作（智慧工程、生态管理、文明施工、农民工工资支付、党建宣传、工程档案）进行量化打分，并最终依据得分进行强制性的季度与年度排名。考核体系架构如图 8-1 所示。

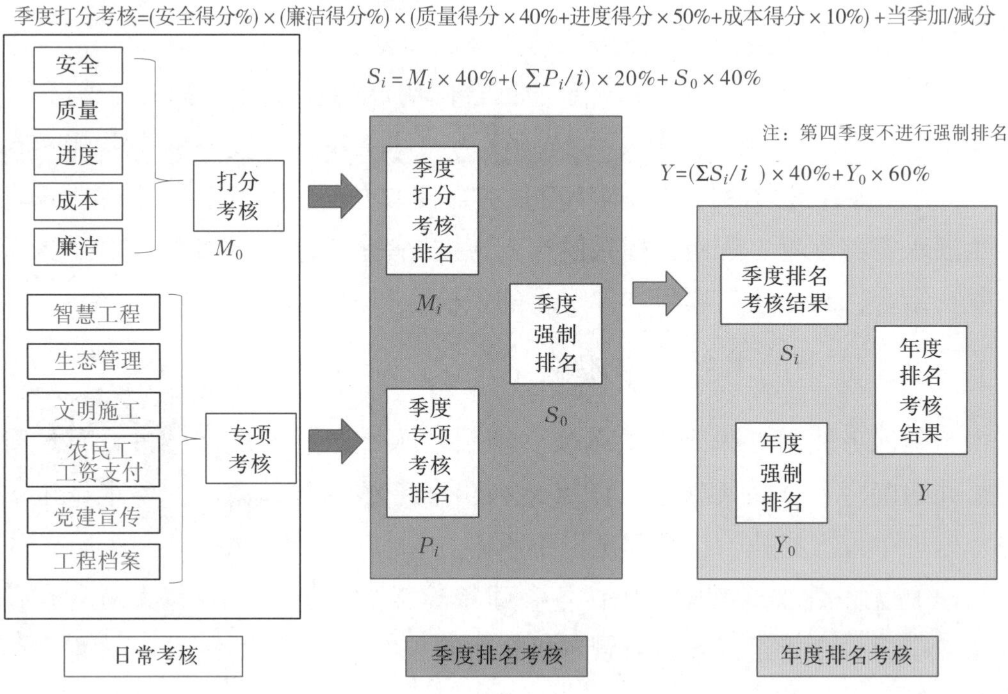

季度打分考核=(安全得分%)×(廉洁得分%)×(质量得分×40%+进度得分×50%+成本得分×10%)+当季加/减分
安全
质量
进度
成本
廉洁
打分考核
M0
智慧工程
生态管理
文明施工
农民工工资支付
党建宣传
工程档案
专项考核
Si=Mi×40%+(ΣPi/i)×20%+S0×40%
季度打分考核排名
Mi
季度强制排名
S0
季度专项考核排名
Pi
注：第四季度不进行强制排名
Y=(ΣSi/i)×40%+Y0×60%
季度排名考核结果
Si
年度排名考核结果
Y
年度强制排名
Y0
日常考核
季度排名考核
年度排名考核

图 8-1　参建单位考核图

考核管理的核心在于培育并践行卓越文化，激励各参建单位在各项工作中全方位追求卓越。日常考核创新性采用“主科+副科”模式：“主科”聚焦于五大控制核心要素，由专业职能部门设定清晰考核标准并执行；“副科”则依据工程进展的不同阶段，灵活设置专项工作考核，这些考核同样配以明确的评比准则。日常考核强调业务细节与标准执行，其成果直接纳入季度考核，确保了考核的相对客观性与严谨性。

　　鉴于工程项目的复杂性与实施过程的多变性，单纯依赖日常考核难以全面衡量各标段的综合绩效。因此，本体系引入"强制排名"机制，结合季度考核中的客观（占 60%，其中"主科" 40%，"副科" 20%）与主观（占 40%）评价，以及年度考核中四个季度平均得分（占 40%）与强制排名（占 60%）的综合考量，既鼓励日常扎实工作，又体现了粤海集团业绩导向的企业文化。特别是年度考核中强制排名的高权重，为表现突出的参建单位提供了"弯道超车""逆袭翻盘"的宝贵机会。

　　在"主科"季度考核打分公式中，特别提升了安全与廉洁的权重，将其作为系数，直接影响质量、进度、成本的综合评分，彰显了项目法人对这两大要素的高度重视。

　　此外，还制定了详尽的考核标准与细则，并通过《参建单位成本考核打分表》（见表 8-1）明确考核对象、细则及责任部门，确保考核工作的透明度与可操作性。

　　为激发参建单位的积极性与创造性，本体系还实施了灵活的加减分政策，对获得集团级及以上荣誉、日常工作受认可、提供增值服务、积极参与项目法人活动、高效落实会议督办及问题整改等行为给予加分，具体标准见表 8-2。这一举措不仅丰富了考核维度，还促进了项目文化的深度融入。

表 8-1　考核细则

序号	类别	考核内容	考核对象	对应考核细则	项目法人责任部门
1-1	打分考核	安全	施工组、监理组、服务组	《参建单位安全检查和评分指引》	安全质量部
1-2		质量	施工组、监理组、服务组	《参建单位质量检查和评分指引》	安全质量部
1-3		进度	施工组、监理组、服务组	《参建单位进度检查和评分指引》	工程部
1-4		成本	施工组、监理组、服务组	《参建单位考核管理办法→成本考核打分表》	预算部
1-5		廉洁	施工组、监理组、服务组	《参建单位廉洁建设检查和评分指引》	纪检审计部
2-1		档案管理	施工组、监理组、服务组	《参建单位档案工作专项检查和评分指引》	办公室
2-2		智慧工程	施工组、监理组、服务组	《智慧工程专项检查和评分指引》	机电部

续表 8-1

序号	类别	考核内容	考核对象	对应考核细则	项目法人责任部门
2-3	专项考核	环境保护	施工组	《参建单位环境保护检查和评分指引》	工程部
2-4		水土保持	施工组、监理组	《参建单位水土保持检查和评分指引》	工程部
2-5		文明施工	施工组	《文明施工环境评分表》	工程部
2-6		农民工工资支付	施工组	《农民工工资支付评分表》	工程部
2-7		党建宣传	施工组、监理组、服务组	《参建单位党建宣传专项检查和评分指引》	党群人事部
2-8		其他专项考核	根据需要确定	考核细则或评分表或考核方案及考核通知等	各职能部门

表 8-2 奖惩标准

类型	标准
加分	派出专家在合同范围之外提供服务
	服务单位提供合同外增值服务
	参加公司组织的活动，取得优异成绩
	承办公司组织的工程全线交流活动或培训工作
	承办公司组织的应急演练，与地方政府或相关部门取得联动
	受到公司董事长或总经理认可
	受到集团、水利厅及水利部表扬
	取得技术创新成果且公司为共同完成人
	其他
减分	未按时完成管理部或职能部门在相关工作会议上布置的工作任务或督办事项
	未按时完成公司领导在相关工作会议上布置的工作任务或督办事项
	水利部飞行检查或稽查检查发现的问题，根据问题数量和严重程度
	质量与安全监督站抽查和公司组织的内部飞检或专项检查发现问题；视问题的数量和严重程度，以及整改情况
	其他

考核的过程还提倡全员参与，特别是在至关重要的强制排名环节，各参建单位的考核组成员均有权投票。考核组由项目法人的领导班子、部门负责人以及各参建单位的代表共同构成，排名依据是被考核单位在强制排名中所得平均值从高到低的顺序。

考核结果现场公开，并通过系统、微信、短信等多种渠道告知参建单位负责人。项目法人秉承"不换思想就换人、不担当就挪位、不作为就撤职"的坚定立场，确保考核体系的严肃性与有效性。

案例 1：安全考核机制

针对安全责任履行不力的情况，采取了严厉的安全处罚措施，撤换了相关标段管理团队，具体包括更换 5 名总监理工程师、8 名项目经理及 15 名安全总监。此外，为确保施工一线的安全管理效能，实施了全线班组长月度评估制度，累计清退了 18 名不合格班组长、5 个违规施工班组以及 74 名违反安全规定的作业人员。

在正向激励方面，积极表彰安全管理工作中的佼佼者，全线范围内授予 5 名安全总监"优秀"称号，并表彰了 54 名杰出安全管理人员。同时，为促进安全管理人才的发展，全线各单位累计提拔 24 名安全管理人员至更高职位。为了进一步提高监理和施工单位的积极性，设立了月度安全考核奖励机制，对被评为先进工区和取得显著进步的工区所在标段，向其监理和施工单位发放安全绩效奖金。

8.2　施工单位考核体系及结果应用

施工单位的考核分为"五大控制+六个专项"，项目法人下设的各职能部门依据详尽的考核细则，对 16 个施工标段实施严格的评分机制，从而确定日常考核的排名次序。每季度，项目法人定期举办建设大会，对所有标段进行综合强制排名。结合日常考核与季度强制排名的双重考量，计算出各标段的最终季度排名，并在大会上即时公布。对于季度考核排名末位的三家施工单位，将执行相应的违约金扣减措施。而对于季度考核排名前 25%（含）且位居前三的施工单位，在季度建设大会上授予季度考核流动红旗，以示表彰。考核结果直接反馈至公司总部，旨在获取高层的关注与支持。施工单位考核体系及结果应用如图 8-2 所示。

类型	考核内容	类型		结果运用
打分考核	安全	季度考核	前二名	授予流动红旗。
	质量		最后一名	上报改进方案，包含通报的总部传阅记录、整改方案。
	进度		连续两个季度最后一名	约谈领导小组组长。
	成本		连续三个季度最后一名	召开公司党委会或经营班子(建设单位视情况列席)制定并上报整改方案。建设单位有权约谈法定代表人，有权要求撤换项目经理、领导小组主要领导驻场。
	廉洁			
专项考核	农民工工资支付			
	智慧管理		连续四个季度最后一名	建设单位有权向参建单位上级管理单位和省水利厅书面通报考核结果。
	生态管理			
	文明施工	年度考核	前二名	参选工程年度优秀参建单位，可推荐工程十大标兵候选人。择优推荐有关集体或个人申报省五一劳动奖等有关荣誉奖项。
	党建管理			
	工程档案			
强制排名	现场排名		最后一名	召开公司党委会或经营班子(建设单位可视情况列席)制定并上报整改方案。建设单位有权约谈参建单位领导小组组长。

图 8-2　施工单位考核体系及结果应用示意图

有效防止施工单位出现持续垫底、消极应对现象的关键在于强化中标单位的信誉管理，特别是其公司高层的信誉约束。参与工程建设的多为央企和省属国企，企业信誉被视为生命线，合同履约情况直接反映企业信誉。因此，考核结果的应用需紧密围绕此关键点，持续施加正向激励与负向约束。

若施工单位在某季度考核中排名末位，其项目经理需在季度建设大会结束后一周内，向建设单位提交改进措施报告。若连续两个季度考核垫底，建设单位有权约谈施工单位领导小组组长。连续三个季度排名末位，则施工单位需召开党组织或经营班子会议（建设单位可视情况派员列席），研究制定详尽的整改方案，并向建设单位提交书面整改报告。此时，建设单位有权约谈施工单位法定代表人，要求撤换项目经理，并责令施工单位领导小组主要领导进驻现场，全力支持项目管理。若施工单位连续四个季度考核排名末位，则视为中标单位对项目态度严重失当，建设单位有权向施工单位上级管理单位及广东省水利厅书面通报考核结果。若施工单位拒不履行整改义务，将视为违约行为。从实际运用效果来看，尚未出现连续四个季度排名末位的情况，绩效考核机制有效激发了各参建单位的积极性与责任感。

案例 2：施工单位进度专项考核优化实践

施工单位进度的专项考核占据着举足轻重的地位。为了实施更为透明化的进度管理监督，采取了一项创新举措：由项目负责人亲自上台，对关键线路中滞后的标段进行张榜公示。这一做法不仅增强了监督的透明度，还激发了施工单位的紧迫感。

在此基础上，进一步引入了"龙虎榜"与"飞马榜"的评选机制。前者旨在表彰那些在进度上表现卓越、遥遥领先的施工单位，以树立行业标杆；而后者则是对进度滞后单位的一种警示，促使他们迎头赶上。这种既激励又鞭策的竞争机制，有力地推动了各施工单位不断提升工作效率，从而确保了整个工程项目能够按照既定时间表顺利推进。

施工单位进度专项考核的具体内容与细节，见表 8-3、图 8-3～图 8-5。

鉴于参建单位的广泛性，在考核结果的管理方面，采取了分组统计与分析的策略，针对各组别的考核结果，通过直观的成长曲线图进行生动展现。此图巧妙地运用了不同背景色彩，明确区分出第一、第二、第三梯队，便于深入剖析不同单位负责的不同标段，或是同一单位负责的不同标段在过去的表现情况。

当参建单位的上级领导莅临项目法人单位进行交流时，成长曲线图成为一个直观且有效的工具，使他们能够迅速把握项目团队在工程实施过程中的历史绩效。此外，成长曲线图还为公司领导层提供了对各标段工作状态进行综合评估与预判的重要依据，特别是对潜在趋势的敏锐捕捉，使得能够及时对表现持续下滑或持续落后的标段实施精准有效的帮扶措施。

表8-3　施工单位进度专项考核内容

类型	考核形式
关键线路滞后张贴	周期：每月一次
	内容：关键线路滞后扩大或新增关键线路，项目经理张贴公示
龙虎榜	周期：每月一次
	内容：对综合投资、进度计划执行情况进行评选
飞马榜	周期：日常
	内容：同类型及同工法的工效评比

图8-3　施工单位各项进度排行榜示意图

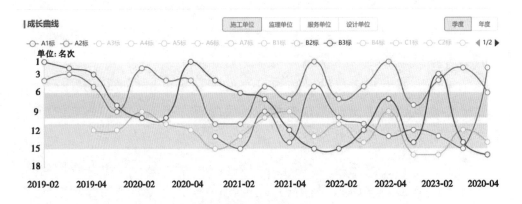

图8-4　施工单位季度考核结果成长曲线图

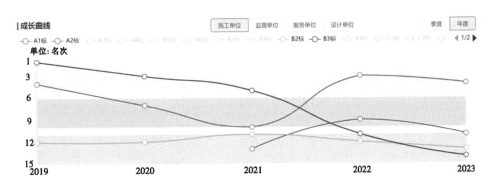

图 8-5　施工单位年度考核结果成长曲线图

8.3　监理单位考核体系及结果应用

　　监理单位的考核分为"五大控制+四个专项",相较于施工单位,省略了文明施工与农民工工资支付两个专项,考核模式与施工单位一致。对于季度考核排名垫底者,将实施违约金扣减处罚;而排名位于前 25%（含）且位居前两名的监理单位,颁发季度考核第一、二名的流动红旗,以示表彰。监理单位考核体系及结果应用示意图见图 8-6。

类型	考核内容
打分考核	安全
	质量
	进度
	成本
	廉洁
专项考核	智慧管理
	生态管理
	党建宣传
	工程档案
强制排名	现场排名

类型		结果运用
季度考核	前二名	授予流动红旗
	最后一名	上报改进方案,包含通报的总部传阅记录、整改方案。
	连续两个季度最后一名	约谈领导小组组长。
	连续三个季度最后一名	召开公司党委会或经营班子（建设单位视情况列席）制定并上报整改方案。建设单位有权约谈法定代表人,有权要求撤换总监、领导小组主要领导驻场。
	连续四个季度最后一名	建设单位有权向参建单位上级管理单位和省水利厅书面通报考核结果
年度考核	前二名	参选工程年度优秀参建单位,可推荐工程十大标兵候选人。择优推荐有关集体或个人申报省五一劳动奖等有关荣誉奖项。
	最后一名	召开公司党委会或经营班子（建设单位可视情况列席）制定并上报整改方案。建设单位有权约谈参建单位领导小组组长。

图 8-6　监理单位考核体系及结果应用示意图

　　考核结果直通监理单位总部,这一策略意义非凡。它确保了总部管理层能够迅速而准确地把握工程监理的实时动态,对工程进度、质量、安全等核心要素给予及时关注和指导。这种扁平化的信息传递模式,有效减少了信息流通的层级,避免了信息的扭曲与失真,从而提升了决策的精准度和效率。

　　此外,总部的重视与支持还体现在对现场监理部资源的优化配置上。考核结果作为资源配置的关键依据,使得总部能够依据工程实际需求,为现场监理部提供充足的人力、物力、财力支持,确保监理工作不受资源瓶颈制约,得以顺利推进。

　　案例 3:监理单位安全考核优化实践

　　监理单位作为项目法人的"监察卫士",肩负着监督工程项目各参与方在五大控制体系及各项专项业务合同执行情况的重大职责,其中,安全控制尤为关键。为确保安全责任深入贯彻至所有参建单位,强化监理单位的有效履职成为项目法人项目管理策略中的核心环节。因此，对监理单位实施专项安全绩效考核显得尤为重要。

　　项目法人精心设计了安全检查与评分体系，采用"四不两直"的突击检查方式，结合视频远程巡查及引入第三方专业安全评估手段，对监理单位在安全主体责任与监督责任的落实情况进行深入细致的季度评估。通过安全管理系统平台，项目法人创新性地实施"晾晒"策略，即公开监理单位季度安全考核强制排名（见图 8-7），以此实现对各监理单位安全管理工作的透明化、公开化监督。

　　此外，项目法人还将监理单位的安全排名结果及时反馈至公司总部，进一步强化了上级公司的监管力度。针对安全排名垫底的监理单位，项目法人引入约谈机制，直接与其管理团队进行沟通，明确下一季度的工作目标与整改方向。这一系列基于季度评分排名的管理措施，不仅构建了一个持续改进的安全管理闭环，还有效激发了各监理单位提升安全责任意识的积极性，确保了工程整体建设的安全平稳。

季度考核	2024 年 第一季度 施工 监理 服务		
名次		标段	得分
1	↑4	施工监理02标	95.5
2	↓1	施工监理03标	92.8
3	↑1	施工监理04标	92.4
4	↑2	施工监理05标	92.3
4	↓2	施工监理01标	92.3
6	↓3	施工监理06标	90.4

图 8-7　监理单位安全考核结果系统"晾晒"

8.4 设计单位考核体系及结果应用

有别于施工单位及监理单位，针对设计单位仅有一家的特殊性，项目法人实施了一套精细化的分院考核制度。该制度充分考虑了施工预算、资源环境、水工、机电、建筑、地质、信息化以及科研所等各分院的专业特性和实际需求，实现了个性化、差异化的考核。此考核体系的核心在于设计供图的质量与设计服务的水平，通过量化评分与强制排名的方式，对各分院的设计能力和贡献进行全面、客观地评估。这一考核模式不仅确保了设计工作的专业性、精确性，还极大地激发了各分院之间的良性竞争氛围，促进了设计团队整体素质的显著提升。

考核内容紧密围绕供图质量与设计服务展开，采用打分与强制排名相结合的方式进行。季度考核综合排名的计算公式为：季度供图排名×30%+打分考核×30%+季度强制排名×40%；年度考核综合排名则依据季度考核结果（占比70%）与年度强制排名（占比30%）综合得出。设计单位考核标准如图8-8所示。

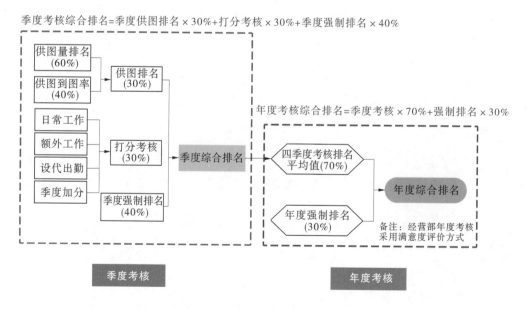

图 8-8 设计单位考核标准

考核结果直接上报至设计单位总部，使总部能够迅速掌握各分院的工作表现，从而做出及时、精准的决策与支持，确保设计阶段工作的高效、有序进行，为整个工程项目的顺利实施奠定坚实基础。设计单位考核类型及结果应用如图 8-9 所示。

考核类型	情况	考核运用
季度考核	最后一名	季度汇报整改方案。
	连续两个季度最后一名	约谈分管领导。
	连续三个季度最后一名	设计单位党委会或班子会研究措施；可约谈法人。
年度考核	年度考核最后一名	设计单位党委会或班子会研究措施。

图 8-9　设计单位考核类型及结果应用示意图

案例 4：设计单位考核优化实践

项目法人依据详尽的设计单位考核细则，对六大分院进行了全面而细致的供图排名、打分排名及强制排名，通过一系列严谨的计算流程，最终得出了各分院的综合排名结果（见图 8-10）。项目法人随后将这一季度排名情况及时通报给各设计单位，以便设计单位依据排名结果，精准实施内部绩效考核工作。

	考核部门	机电院	施工预算院	信息化院	科研所	水工院	建筑院
一	供图排名 (30%)	1	1	4	6	4	3
二	打分排名 (30%)	2	5	3	1	3	6
三	强制排名 (40%)	1	2	3	4	5	6
	合计得分	1.3	2.6	3.3	3.7	4.1	5.1
	最终排名	1	2	3	4	5	6

图 8-10　设计单位分院××年××季度考核排名示例

8.5　年度考核违约金返还机制

　　项目法人对各参建单位的考核不以处罚为目的，而是着力于营造"比、学、赶、超"的良好氛围，为此，特别设立了年度考核违约金返还机制。具体而言，对于年度考核排名位于前50%（含）的参建单位，将全额返还其当年因季度考核所扣减的考核违约金总额的100%；而对于年度考核排名位于后50%的施工单位，则不予返还其当年所扣减的考核违约金。这一机制旨在通过正向激励与适度压力，促使所有参建单位不断提升自身表现，共同推动项目的高质量发展。

后　记

　　珠江三角洲水资源配置工程建成通水，是粤海集团在水利工程建设领域的又一里程碑。项目法人本着"有情怀、有追求、有担当"的精神，全面深刻地总结工程建设文化理念、建设管理体系及其创新举措，历时一年多，撰写并出版了《珠江三角州水资源配置工程建设管理创新》一书，以期抛砖引玉，丰富粤海集团建设大型水利工程的技术资产库，也希望为全国水利工程建设管理添砖加瓦，更期待同行、专家、领导批评指正。

　　工程建设期间，各级主管部门在调研考察过程中，建议项目法人认真总结、交流经验。工程建成通水以来，来自全国水利行业的领导、专家学者、同行莅临工程现场调研指导，交流经验，肯定工程建设成果的同时，还建议我们认真总结建设管理创新工作。基于此，撰写此书，分享我们的建设经验和做法。

　　当前，环北部湾广东水资源配置工程建设正如火如荼，积极推广应用珠江三角洲水资源配置工程项目管理的经验和做法。环北广东工程的主要领导和一大批骨干人员来自于珠三角工程。坚信他们在环北广东工程建设过程中进一步深化提高并不断创新，为环北广东工程做出更大的贡献。我们也期望，本书能够为中国水利工程建设提供参考和借鉴。

　　《珠江三角洲水资源配置工程建设管理创新》一书，可为广大的水利工程建设者提供借鉴，也可为相关学者、研究人员提供参考，还可供相关工程专业的本科生、研究生学习参考。

　　珠江三角洲水资源配置工程建成通水，圆满完成质量、进度、投资目标，离不开水利部、广东省委省政府的正确领导和关怀，离不开广东省水利厅和粤海集团全业务、全方位、全过程的信任和支持，离不开项目法人和工程建设施工、监理、设计等参建单位的共同努力。工程建设管理创新，要感谢广大参建者的共同努力，尤其要感谢水利部水利水电规划设计总院、黄河勘测规划设计研究院有限公司、广东省水利电力勘测设计研究院有限公司对工程建设的强力支持。

作 者

2024 年 12 月